天下文化
BELIEVE IN READING

全腦人生

讓大腦的四大人格合作無間，當個最棒的自己

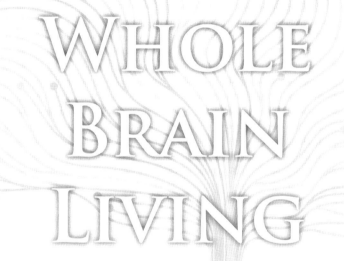

WHOLE
BRAIN
LIVING

The Anatomy of Choice and the Four Characters
That Drive Our Life

by Jill Bolte Taylor

吉兒・泰勒／著

李穎琦／譯

全腦人生

讓大腦的四大人格合作無間，當個最棒的自己

第三部
四大人格原形「必」露

224

✳✳✳✳✳✳✳✳✳✳✳✳✳✳✳✳✳✳

謹獻給

吉吉（G.G.）與海爾（Hal）、

佛羅倫斯（Florence）與比爾（Bill）、

帕皮（Poppy）與丹迪（Dandy）：

永遠感激你們對彼此的愛，

以及給予我的愛。

✳✳✳✳✳✳✳✳✳✳✳✳✳✳✳✳✳✳

引言

平靜只在一念之間

2008 年，我接到 TED 演講的邀請，當時網路上只找得到六場 TED 演講，我根本不曉得 TED 是做什麼的。（後來才知道 TED 代表 Technology、Entertainment、Design，分別意指：科技、娛樂、設計。）我在美國加州蒙特雷市演講〈你腦內的兩個世界〉（My Stroke of Insight），是第一支在網路上竄紅的 TED 演講影片，因此，TED 和我同時聞名全球。

演講中，我敘述了自己重生的故事：當時經歷嚴重的腦溢血，左腦關機，右腦成為主宰，而我透過神經科學家的視角，伴著驚奇，端詳神經迴路和官能離線的狀態。我領著聽眾回顧我左腦的惡化，告訴大家自己如何進入平靜的極樂境界，我怎會感覺天人合一，全然不同於我以往所知的一切。

演講過後三個月，我獲選為《時代》雜誌 2008 年全球百大影響力人物。我成了歐普拉（Oprah Winfrey）網路節目「靈魂系列」首映嘉賓，我的回憶錄《奇蹟》[1] 由企鵝出版集團付梓，長踞《紐約時報》暢銷排行榜達六十三週，超過十二年的今日，在亞馬遜網路書店以「中風」為主題的排行榜上，仍然名列第一，在以「解剖學」、「醫學專業人員傳記」、「神經系統疾病」等主題的暢銷書排行榜上，也名列前十名。

那十八分鐘的演講剎時扭轉我的世界，許多人的世界也永久轉變。直至今日，我還是會遇到 TED 人（TEDster）跟我說，命運扭轉的那天下午，他們坐在哪一排；而且，影片超過兩千五百萬觀看次數後，仍為 TED 的熱門演講。這段時間以來，我

收到數十萬封電子郵件，詢問該如何抵達我口中那平靜的極樂境界。

毫無疑問，這場 TED 演講從許多方面來看，都是美好無比的絕唱。

當個最棒的自己

不過，我內心有個遺憾，演講並未達成我其中一項目標：我期盼，身為人類的我們，可以體認到你我都是整體萬物中的一份子，彼此相連；我也期盼，我們對待彼此的時候，都能更加尊重、更加友善。但是過去十多年來，禮貌顯然已經倒退。

或許，這現象並非意料之外：我們身處的世界，政治、人際關係、日常生活正每況愈下，成了一團混亂，直教人局促不安。人生高高低低，起起落落，難以應付，你我來到此世，都沒有行為指南，得以指引自己正確通關。話雖如此，我體悟到我們確實握有力量，足以按下暫停鍵，避開習慣模式，做出更完善的決策。我們有能力時時刻刻選擇自己想要成為什麼樣的人，以及如何才能成為那樣的人。

這項能力正如所有的能力，端賴於執行該功能的腦細胞。我們的大腦是神奇工具，是聚集想法、情緒、經驗、行為的家園。若從細胞層次了解想法與情緒的關聯，就不必再受到情緒反應的束縛，可以大無畏活出最棒的人生，當個最棒的自己。

我們擁有力量控制大腦裡盤旋的一切，這力量遠比我們已知的
還強大。

🧠 活出全腦人生

彼時中風，我從旁觀察著自己腦部功能的瓦解──這構成
本書的背幕；隨著腦細胞復原，我也將所有洞察織成這本書的
紋理。綜觀全書，關乎的正是你我皆曾走過的人生旅途；我們
都攜帶腦部解剖學的知識前行，都會面臨人生挑戰，都得做出
選擇，竭力活出美好人生。

在書頁天地間，你將遇到全新的典範，有助你了解人腦各
部位如何合作，展露出我們的現實知覺（perception）。你還將獲
得一組有形的工具，不僅能用來駕馭腦部的情緒反應，最終還
能活出全腦人生。

你是宇宙的生命力，你的腦袋狂野奔放，脫出天馬行空的
想像。本書將伴著你學習應用工具、掌握力量，為你釐清其中
代表的意義、你的選擇有哪些，協助勾勒你渴求的人生。本書
將指引你前往平靜國度的路線；而平靜，真的只在一念之間。

第一部
大腦導覽

第一章
我的故事，我們的腦

我當初之所以研究大腦，是因為我有個大我十八個月的哥哥，他後來經診斷罹患思覺失調症。年幼的我們基本上形影不離，但年紀尚小的我，就發覺他和我體驗現實的方式，是多麼迴異於彼此。我們經常會經歷相同事件，解讀卻天差地別，幾乎沒有交集。他可能聽到媽媽說話的語調，就判定她對我們生氣，但我很肯定媽媽只是嚇傻了，怕我們會受傷。因此，我很熱中理解何謂「正常」，畢竟顯然我倆之中有一人異於常人，但就我所知，他完全不曉得我倆的知覺與解讀相去懸殊。

為了我的人身安危與神智健全著想，我開始格外認真觀察別人的身體語言及臉部表情，取得蛛絲馬跡。我也愈來愈著迷解剖學，在印第安納大學布魯明頓校區就讀大學時，還修習了生理心理學和人類生物學。我在醫學領域的第一份工作，是到特勒荷特醫學教育中心[2]的神經解剖實驗室和大體解剖實驗室擔任技術員。兩年之後，跳過碩士班，直接攻讀印第安納州立大學生命科學研究所的博士班。

儘管當時主修神經解剖學，真正令我滿心喜悅的，卻是在大體解剖實驗室動手解剖人體。對我來說，去大體實驗室一點都不令我作嘔，[3]反而是心靈饗宴，讓我大大體悟到人體的精采至極，無與倫比。我讀博士班時，哥哥正式診斷為慢性思覺失調症。你大概想像得到，部分的我知道他才是經診斷為「不正常」的那個人，反而鬆了一口氣，這代表我比較可能是神經正常的那一位。

從人生的黃金階段墜落

我取得印第安納州立大學博士學位後不久，便馬不停蹄，前往波士頓，到哈佛大學神經科學系做博士後研究兩年，後來轉往同校的精神病學系，與厲害的「思覺失調症之后」貝內斯（Francine Benes）博士共事四年，我的研究和專業生涯自此才真正開始綻放。我鍾愛窩在實驗室，面對從顯微鏡檢視的美麗細胞，驚異於鏡頭下流露的「各種生命皆為同胞」的情誼。

大腦如何創造出我們的現實知覺，這個大問題惹得我目眩神迷。我研究死後腦細胞與神經迴路，檢體皆來自「經診斷為可正常控制自我的人」── 在我設計的實驗中，即為控制組的受試者；接著，比較那些經診斷為思覺失調症、情感思覺失調症或雙相情緒障礙症（bipolar disorder）的腦部組織。我的週間沉浸在令人跌破眼鏡的新奇研究，造就了數篇期刊論文，例如〈思覺失調症大腦前扣帶回皮質第二層大小型神經元之酪胺酸羥化酶差異性分布〉、〈大鼠內側前額葉皮質中，麩胺酸去羧酶、酪胺酸羥化酶、血清素免疫反應性之共定位分析〉。[4] 共定位分析那篇論文甚至躋身經典，因為是第一篇收錄至史上首創僅網路版的科學期刊《神經科學網》（Neuroscience-Net）。

週末時光，有吉他伴隨，我另謀新途，化身「走唱科學家」，代表哈佛腦庫[5] 巡迴演講，向精神病人的家屬宣導，懇請大家踴躍捐贈腦組織，支持相關研究。

　　我三十六歲那年，獲選進入美國精神疾病聯盟（NAMI）全國董事會，發現自己是最年輕的一員。該聯盟會員達數十萬戶，會員的至親經診斷罹患了重大精神疾病，對於亟需協助的家庭而言，精神疾病聯盟提供了豐富資源，在全美國、各州、各地皆舉足輕重。我研究之餘，在全國為精神疾病奔走，人生充盈著美好深刻的目標。我幫助像我哥一樣的人，同時接觸學術研究，掌握公共政策的脈動。

　　我處在人生的黃金階段，身強體健，積極活躍，踩上哈佛的階梯，一步步向上爬，孜孜實踐夢想，躋身成功神經科學家之林，在思覺失調症的世界站穩腳步，也在全國巡迴宣導過程中，體認人生的意義。然後，1996 年 12 月 10 日那天清晨，三十七歲的我，左眼感受到重擊般的疼痛，醒了過來。

🧠 中風帶來的洞察

　　結果顯示，我有先天性的腦血管病變，但出了問題後，我才知道這件事。動靜脈畸形（AVM）在我左腦爆開，那短短四小時內，我眼睜睜看著自己的腦部功能一個接著一個喪失。中風當天下午，我已經不能行走、說話、閱讀、寫字，連自己的生平都想不起來；事實上，我成了困在女子身軀裡的嬰兒。

　　而我竟能透過神經科學家的視角，觀察自己的腦部功能逐漸瓦解，你大概能想見我的眼界有多麼大開！左腦的傷太過巨

大，我理應失去了說話及理解語言的功能，而且，我左腦那滔
滔不絕的「猴子心智」[6]也靜默了。這種內在對話迴路關閉，讓
我坐在澈底靜默的腦袋中心裡，整整五星期。我甚至喪失了左
腦「小我—自我」[7]的小小聲音，那聲音會說：「我是個體，與
萬物分離。我是吉兒·泰勒博士。」我那會饒舌又線性思考的左
腦缺席了，卻踏進當下時刻，那別有天地的經驗感官，美妙得
令人陶醉。

　左側大腦頂葉受傷，除了使我的語言能力及「個體性」付
之闕如，還使我無法分辨身體的疆界——負責處理外在世界感
官資訊的頂葉出了問題，身體始於哪裡，終於何處，疆界隱晦
不明。我對自己的知覺也產生變化：我不再是肉身，而是一顆
大小和宇宙相當的能量球。我整個人轉移至右腦意識，感知自
己的本質廣大無垠，精神無拘無束的飄游，彷彿一頭大鯨魚，
汕過無聲的幸福之海。

　情緒方面，我從感受到中風前那種日常大大小小的情緒，
到後來演變成只感受得到寧靜平和。我知道，這聽起來像是再
好也不過的幸運——確實沒錯，但能感受到各式各樣的情緒，
生活豐潤有趣得多。

　生理方面，中風當天早晨同樣的四小時內，我從有能力在
三十分鐘內游完一千六百公尺，變成全身癱軟在醫院輪床上，
意識心智困在動彈不得的身軀裡，只覺身體如鉛塊重。

　我花了八年，身體才完全復原，可以再次曲道滑水。這八

年內,我重拾了情緒迴路,厭惡、愧疚、難為情,以及所有其他較細微而難捉摸的感覺與情緒,種種都讓生活更具吸引力。我們的情緒確實豐富了對各種經驗的知覺,就連負向情緒也能增添生活的層次,使生活更多彩紛呈。我的回憶錄《奇蹟》中詳錄了這次中風與復健的過程,也描述了我對神經可塑性及大腦復原能力的洞察。

自彼時起,我就開始更深入體驗大腦這段深度旅遊行程,獲得極其珍貴的體悟:我們有能力控制情緒迴路,得以自行決定開關。事實上,相同原理也深藏在我們體內的神經反射系統,而且持續運作——以反射槌敲打膝蓋,會出現膝腱反射動作,我們的情緒迴路也是,一經觸發,反射回應即是恐懼、憤怒、敵意相向。

一旦情緒迴路受刺激,觸發了情緒反應,不到九十秒的時間,該情緒的化學作用就會流遍全身,接著澈底排出血液。當然,我們可以有意識或無意識的選擇是否要重新思索那個觸發情緒迴路的念頭,也當然可以繼續感覺受傷、生氣、難過,一直延續到九十秒後。

不過,若選擇繼續,在神經學層面上,等於重新刺激情緒迴路,促使迴路一再運作。若不再重複觸發,過了化學中和反應的九十秒後,情緒迴路就會回到原點而停下。我將此命名為「九十秒法則」(90 Second Rule),後文將舉例說明。

＊＊＊＊＊＊＊＊＊＊＊＊＊＊＊＊＊＊＊＊＊＊＊＊＊＊＊

我們有能力時時刻刻選擇自己想要成為什麼樣的人，

以及如何才能成為那樣的人。

＊＊＊＊＊＊＊＊＊＊＊＊＊＊＊＊＊＊＊＊＊＊＊＊＊＊＊

 ## 在我體內的「我們」

我參與的 TED 演講大會，主題訂為〈大哉問〉（The Big Questions），第一個場次的主題則為〈我們是什麼？〉（Who Are We?）我的切入點是每個人大腦中的「我們」，也就是左右半腦的「我們」。那天講者涵蓋名聞遐邇的科學家，包括加拿大人類學家戴維斯（Wade Davis）、《國家地理》雜誌的古生物學家李奇（Louise Leakey）。再來是我，一個出身印第安納州、在哈佛研究的女生，經歷嚴重中風，但活了下來，還復原了。不消多說，這群講者中，我最沒名氣。

大會前一天，我到現場對著 TED 工作人員預演，他們忙著確認聲光效果、細節流程，而且因為我帶了一顆保存良好的人腦來，需要一些特殊保護措施。我練習六分鐘後，停了下來，準備就此打住，但 TED 的策展人安德森（Chris Anderson）鼓勵我說下去。他母親也中風過，所以他特別對我的演講感興趣。

　　演講下一段落，我帶領聽眾回到中風那天早晨，重新搬演了心智崩解的情形，一幕接著一幕，說明我左右腦意識互相拉扯、模糊不定的感覺。我的左腦拚命展開求救行動，右腦卻安坐在歡喜的極樂世界，對比之大，戲劇張力十足。

　　我描述自己當時如何與尚能運作的左腦連結，雖然已失去可令人理解的語言能力，還是設法打電話求救。我一發覺自己在救護車裡捲曲如胎兒，就感到靈魂已屈服，而在那解放的當下，我肯定自己處在轉捩點。出乎我意料的是，當時 TED 演講廳氣氛靜默得不可思議，我還發現工作人員都停下手邊之事，聚精會神聽我說話。

　　在此從演講內容摘出幾句：那天下午，我醒過來，萬分驚訝的發覺自己竟然還活著。我靈魂似已屈服的當下，早已道別人生。然後我發覺，原來自己還活著，還親歷了涅槃的境界；要是連我都找到涅槃，還有幸活著，那麼每個活著的人也都找得到涅槃。我描繪出一個世界，盈滿了美麗、祥和、慈悲、可愛的人兒，大家都知道自己可以選擇刻意「踏入正途」，[8] 跳出左腦，來到右腦，找到這份平靜感。我還發覺這次經驗是多麼舉重若輕的大禮，中風竟可以為我們生活的方式帶來如此大的啟發，而我因此獲得了復原的動力。

　　演講廳裡，再也不是一片靜默。我一說畢，便聽到抽鼻子、甚至哭泣的聲音。安德森立刻重新安排議程，將我的演講挪到下午最後一場。或許我這個來自印第安納州的女生沒沒無

聞，但他看見這場演講的獨特，與會者很可能深受感動。結果他的推測無誤。

　　幸虧工作人員回應熱烈，我前一晚睡得相當安穩，起床時精神抖擻，站上 TED 中央舞臺。我結尾則回答了大哉問：

我們究竟是什麼

　　我們是宇宙的生命力，有著靈巧的雙手和兩個認知心智。我們有能力時時刻刻選擇自己想要成為什麼樣的人，以及如何才能成為那樣的人。

　　此時此地，我可以踏入右腦的意識——在右腦意識裡，我們是宇宙的生命力，我是宇宙的生命力。我是五十兆精妙分子天才的生命力，組成我的形體，造就天人合一。

　　或者，我可以踏入左腦的意識——在左腦，成為一個單獨的個體，一種固體，與流體分離，與你分離。我是吉兒·泰勒博士：是知識份子、神經解剖學家。

　　這些就是我體內的「我們」。

　　你想選擇哪一個？你會選擇哪一個……什麼時候選擇？

　　我深信，投注愈多時間，啟動我們右腦深處的內在平靜迴路，就可以將更多的平靜，投注給這個世界，我們的星球也會更加祥和。

　　而我認為，這是值得傳播的想法。[9]

🧠 對你來說意義何在？

如我先前所述，大眾對於該場 TED 演講的反應熱烈，影響依舊深遠。顯然，我們做為一個集體，都在尋覓一組特定方向，指引自己如何選擇右腦的平靜心態，來與此世的混亂相互抗衡。我們許多人都在尋找一種典範轉移的新思維，要自己接納內心深處的平靜，不管當下情境為何。

最多人問我的問題是：「要如何關掉左腦的腦袋饒舌？」[10] 顯然，許多人都想擺脫自我判斷與批評的習慣。我也很常聽到：「我練習冥想多年，但很少體驗到你說的那種極樂境界。我該改變哪些做法呢？你會冥想嗎？是哪種形式的冥想？你現在還會體驗到那種極樂嗎？如果會，我要做什麼才會跟你一樣？」我還會聽到：「如果要跟你一樣體驗中風後那種極樂，我可以服用哪種藥物？致幻劑嗎？哪一種？」（這問題至關重大，尤其在以致幻劑治療「創傷後壓力症」的研究領域更為重要，但儘管如此，實在超出我的專業。）

選擇冥想、祈禱或練習正念，當然可以把腦袋饒舌關掉，脫離心智的囚籠。但請容我強調：本書重點不在此，而是「我體內的**我們**所擁有的力量」。

我深信，愈深入知曉不同的腦細胞群、組織方式、各細胞迴路運作的感受，就握有更多力量，得以刻意選擇開啟哪組神經網路，最終則得以獲得力量，無論發覺自己處在何種外在情

境，仍能時時刻刻選擇自己想要成為什麼樣的人，以及如何才能成為那樣的人。

****

平靜真的只在一念之間。

平靜一直在這裡，等著你來體現。

****

本書將援引兩大領域，解釋這個概念。「神經解剖學」研究腦部結構，「心理學」探討心智與思維過程。本書之所以獨一無二又值得一讀，在於所援引的心理學特別與深層的腦部解剖學相關，更涉及特定細胞群的已知功能。你打開這本書，打開了閱讀之眼，將能打探左右半腦有意識與無意識的領域，更能覺察自己生理與心理層面的能力，選擇自己想要成為什麼樣的人，以及如何達到這個目的。

本書將帶你回顧神話學大師坎伯（Joseph Campbell）的經典英雄旅程，[11] 一睹應該採取的做法。踏上旅程的英雄必須運用腦部語言，走出他那以自我為中心的左腦意識，進入右腦的無意識領域。此時，這名英雄會感受與萬物合一，內心深處由平靜感包覆。

腦部的「四大人格」（Four Characters）[12] 正是你在這段旅程即將遇到的人物，你一旦熟悉理解，將能展開自己的英雄旅

程，踏入無意識腦部的迴路，也將理解到，平靜真的只在一念之間。平靜一直在這裡，等著你來體現。

我的左腦細胞受創、關機之後，我失去的不只是腦細胞和腦功能，還失去了聰明、自律、準時、重視細節、善用方法、有條不紊等積極主動生活的那些性格，以及詳知我生平的「那部分的我」。那部分的我是其中一個左腦人格，至少是等到那些細胞復原、神經迴路重新上線，那個左腦人格才重回崗位。我也失去了親歷往昔所有挑戰、情緒、苦痛的那部分性格，這是另一個左腦人格，這個人格尚未重新現身前，我只能體驗到當下時刻極其平靜的極樂狀態。

重建受創的迴路，使兩個離線的左腦人格復活、復原，花了我八年時光。我切身體會到，我們每個人都有四個獨特的細胞群，分布在兩個腦半球，產出四個表現一致又可預見的性格組合。就神經解剖學而言，這四個細胞群，分別組成了左右腦的**思考**中樞，位在較高階的大腦皮質（cerebral cortex），以及左右腦的**情緒**中樞，位在較低階的邊緣系統（limbic system）。整體而言，我將這四組性格稱為「四大人格」。釐清住在腦部的這四大人格，等於取得通往自由國度的門票。

本書羅列的想法，可能需要你修改所知的腦部解剖理論。至少五十年來，整個社會所受的知識訓練都是左腦「理性」重思考，右腦「感性」重情緒。事實上，以神經解剖學的觀點而言，儘管左腦的思考組織確實掌管意識與理智（一號人格），其

實左右腦都同樣具有掌管情緒的邊緣系統（二號人格及三號人格），右腦的高階皮質思考組織則為四號人格所在。

四大人格

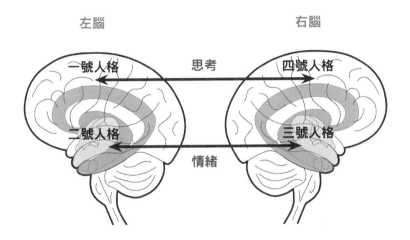

 我們怎麼思考、怎麼感受

在任何時候，腦部行使的幾乎只有三項活動：醞釀想法、感受情緒、對想法與感受做出生理反應。這些活動完全仰賴執行這些功能的細胞是否健康、健全。

我們透過邊緣系統的細胞感受情緒，而這些細胞平均分布

在左右半腦。邊緣系統的主要結構呈對稱，因此，大腦有兩個杏仁體（amygdala）、兩個海馬體（hippocampus）、兩個前扣帶回（anterior cingulated gyrus）等等，亦即，有兩個分離的情緒處理模組（二號人格及三號人格）。資訊在感官系統中流動時，首站停在杏仁體，提出的問題是「我安全嗎？」我們如果接收到夠多感覺熟悉的感官刺激，就會有安全感。

然而，若某事物感覺不熟悉，杏仁體傾向將該事物標示為危險，並引發戰鬥、逃跑或裝死（fight/flight/freeze）的恐懼反應。

兩大情緒腦

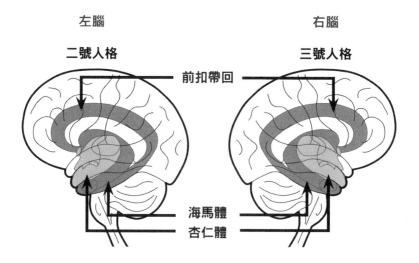

若你天生傾向戰鬥，很可能會發怒，動作和聲音變大，開始攻擊或把那東西嚇走。若你平常習慣一溜煙逃跑或裝死，這反應可能是你首選。

杏仁體一經觸發而令我們產生恐懼感，海馬體的學習迴路與記憶迴路就無法運轉，要等到按下暫停鍵，花點時間冷靜下來，再次感覺安全，這時候才有辦法思路清晰。有考試焦慮症的人無論準備多麼充分，仍大多表現不佳，正是因為從神經解剖學來看，邊緣系統的焦慮迴路一旦觸發，就暫時切斷了與高階皮質思考中樞的連繫，無法取用思考中樞儲存的所學知識。

提到我們的經驗和行為，若洞悉腦部解剖學，必定收穫滿滿。如果基本說法真的是腦部只有一個處理情緒的細胞模組，又該如何解釋我們感受到的複雜情緒？就神經解剖學而言，我們會感受到兩相衝突的情緒，是因為腦中有兩個互為獨立的情緒細胞模組，彼此並未共享任何細胞群。

同樣重要的概念是：一如預期，這兩個情緒細胞模組處理輸入資訊的方式截然不同。假設左腦是以線性次序的方式處理資訊，我們將能從細部看出，左腦情緒模組先帶入當下時刻的資訊，接著將這些資訊拿來與過往的情緒經驗比較。是故，左腦掌管情緒的二號人格旨在保護我們，不再因為同樣的人事物受傷，但結果就是，二號人格隨時準備好拒絕，把迎面而來的人事物推開。

　　右腦掌管情緒的三號人格則恰好相反，僅在當下處理眼前的經驗，因此三號人格必定處在此時此地，並不會重新擷取過往經驗，也不會把迎面而來的人事物推開，反而熱情洋溢的迎向那體驗，期待聞起來有點誘人多汁的腎上腺素。

　　在哺乳動物腦神經系統的演化過程中，通常是在原本已整合妥善的細胞基質上方，增加新的腦細胞；這些新的腦細胞組織，既能調校下層組織的機能，本身也發展出較高階的功能。於是，新物種就此誕生。人類的腦雖然和狗、猴子等哺乳動物一樣，都有深層的邊緣系統和較高階的大腦皮質，但與眾不同的是，人腦在左右兩個思考中樞增添了更高階的新皮質細胞。

　　外界資訊流過感官系統，首先經由邊緣系統的情緒細胞處理，之後才經由高階的思考中樞來調校。因此，純粹就生物學來論，我們人類並不是有感情的思考生物，而是會思考的感情生物。就神經解剖學而言，你我生理構造的設計即是要感受自己的情緒，若打算跳過或漠視當下的感受，可能會使心理健康在最基本的層面上脫軌。

　　從演化立場來看，人腦神經網路是極為值得讚許的產物，但務必理解，人腦離最終成品還相當遙遠。人腦目前仍處於演化狀態：第一，左腦思考中樞新增的高階組織（一號人格）與左腦底層的情緒中樞（二號人格）仍在密切整合。第二，右腦思考中樞新增的高階組織（四號人格）與右腦底層的情緒中樞（三號人格）仍在密切整合。第三，左腦情緒中樞（二號人格）

與右腦情緒中樞（三號人格）仍在互相連結。第四，左腦高階
思考中樞（一號人格）與右腦高階思考中樞（四號人格）仍在
互相整合。我們完成整合與連結後，將演化為全腦生物。

全腦溝通

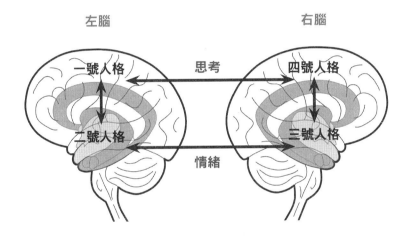

雖然我們的人腦是尚在演化中的傑作，但你不需要太過用
力，也能發現左右半腦價值觀（將於第三章詳述）的差異，在
我們的生活與社會裡正搞出什麼名堂。除了最明顯由兩黨政治
對立引起的社會動盪，由統計數據來看，在美國，五分之一的

成年人在生命中某階段，都會罹患嚴重的心理疾病。選擇推進人類此物種朝「全腦生物」演化，將有助我們每一個體、每一群體皆能找到平靜，最終推展至全球的平和。

隨著本書徐徐展開，我懇求你敞開心胸，開啟心智，澈底坦誠面對自己的強項與弱項。只要我們所處的社會是論行為給賞，不論我們真實的面貌，我們就必會覺得受輕視，好似一切徒勞。我們許多人的目標向來是「擺脫」或「矯正」自己最不受控、最不迷人、最為脆弱的那一面，但若選擇接納、傾聽、滋養自己所有面向，將能發育、茁壯，演化成我們人類最好的朋友——狗狗眼中既有的模樣。

容我在此澄清，本書將談及你我皆有的四大人格，這四大人格皆可預期、容易辨識，且皆源自我們腦部的結構。我們具備的每項能力，皆澈底仰賴深層的腦細胞，並交由其製造，而這四種不同的細胞群可以製造四種技能組合，最終造就這四大人格的表現。

現今許多作家、導師提及「真我」（authentic self），你可能會好奇這是四大人格的哪一種。事實上，從「真我」的說明來看，顯然指的是四號人格。不過，在此必須釐清，這四大人格都很像真我，就細胞層次來看，皆代表自己真實的面貌，必須以尊嚴、尊重、尊榮待之。

腦部疾病釋義

　　謹在此說明，本書提及的「四大人格」，與「思覺失調症」或「多重人格障礙」這兩種嚴重的神經性精神疾病無關。思覺失調症的英文 schizophrenia，字面意義即為「分裂的腦」，但所謂的分裂，是指病人的大腦與所處社會的常規不一致。

　　診斷為思覺失調症的必要標準，為思考系統妄想造成的感官幻覺經驗。若大腦輸入你的所見所聞，但你的所見所聞異於常人，是他人並未體驗到的感官知覺，你的大腦就不可能利用這些資訊建構出對這世界的正常知覺。理論上，思覺失調的大腦會建立妄想的思路系統，以對應更動過的輸入內容——此種大腦除了會以錯誤方式處理由正常知覺轉換而來的輸入資訊，所輸入的資訊也會在大腦神經網路中受到更動，結果，思覺失調的大腦在細胞層次上，即與正常資訊處理作業分離，而思考系統的妄想，即為大腦異常神經網路的副產物。

　　多重人格障礙[13]則與思覺失調症截然不同，目前對此種腦部疾病的了解尚淺，連腦部為何或如何產生多重人格，也仍未知。有時候這些人格根本不知道其他人格的存在，也有可能存在而不衝突。多重人格障礙是一種病理性疾患，可能是為了處理童年創傷而產生。此種分裂狀況是出現在腦部的意識中，而思覺失調症則是出現在「腦部的意識」與「腦部對外在現實的知覺」之間。

　　我中風後，等到全腦重新上線、四大人格完全正常運作之時，我發覺自己不僅有能力辨識自己正在運轉的迴路或人格，還有能力選擇是否繼續使該迴路運作，或選擇轉換至不同的迴路。這趟奇異旅程令我恍然大悟，原來自己擁有不可思議的能力，能選擇想要成為什麼樣的人，以及如何才能成為那樣的人──而且不只我，我們每個人都有這種能力。

　　我誠摯希望各位能發揮四大人格的潛能，如此一來，你也可以澈底掌握自身能力，活出完滿人生。

　　以下各章，將以神經解剖學與心理學角度解析左右半腦，並且更詳細闡述四大人格。（別擔心喔，我會盡量寫得深入淺出，引人入勝。）有了初步認識，再探究四大人格專精的技能組合，可協助各位依據四大人格在自己體內的**感覺**，辨識自己身處其中的人格。

　　繼續讀完這本書，你不僅會認識左右腦的**思考**人格（一號人格和四號人格）以及左右腦的**情緒**人格（二號人格和三號人格），更能了解這四大人格如何代表你這個人彼此互動、攜手合作。

　　認識自己的四大人格，釐清四大人格之間的關係及集體具備的能力，並再進一步琢磨、滋養，便能提升自己在認知、情緒、生理、精神上的健全程度，如此，你就會成為全腦生物，享受著全腦人生。我誠摯深信，這是全體人類的演化目標，而我們會在某個時候帶著一顆腦，抵達全腦生物的境地。

第二章
腦部解剖學與人格分析

我父親海爾是個傳道人。我童年時，他獲任命為美國聖公會牧師，我青少年時，他取得諮商心理學博士學位，擔任諮商心理師。他對各行各業人士都充滿好奇，工作是協助企業及非營利組織培養建立團隊的技能，改善董事會管理作業及績效，運用的技巧就是人格側寫及氣質分類。

無論是企業或組織的首長、患有嚴重心理疾病的病人，還是囚犯，父親皆熱中輔佐大家自我救助。在我眼裡，心地善良的父親畢生唯一目標，就是協助大家深入了解自己的強項，活出圓滿人生。要達成這目標，氣質分類是絕佳工具。父親主要使用麥布二氏人格類型指標（MBTI），[14] 此指標在 1970 年代至 1990 年代相當流行，如今每年使用人數仍超過百萬。

父親第一次替我用 MBTI 分類時，我才十八歲，甫上大學。我和許多人一樣，很抗拒這種本質上逼人抉擇的測驗，因為我的答案完全是根據自己想像構築出的環境。我原本的測試結果是 INTJ：內向、直覺、思維、判斷。是故，在心理學家及氣質分類專家基爾西（David Keirsey）的定義中，我是科學家，這清楚描繪了我某種面向，但我其實只有在特定時候才是這類型。我和朋友出遊時，是 ESFP 表演者：外向、感覺、情感、感知。我當表演者的特質太明顯了，高中時可是投票認證的開心果呢。

MBTI 並未因應不同生活情境，也因為這測驗把我硬塞進單一個性，我質疑這種評估方式的準確性。不過，卻因此激發

了我的好奇心，促使我尋尋覓覓解剖學上更準確的心理分類系統。我跟隨父親的腳步，對心理學及人腦愈來愈著迷，也愈來愈想窺探心智、腦、身體、行為之間的關聯。只要與人類生物學有關，我都熱愛。

裂腦實驗

我挺幸運，1970 年代末期身為大學生的我，親眼目睹神經科學邁向主流，舉世聞名的裂腦手術也備受矚目：史培利（Roger Sperry）博士將數名癲癇病人左右腦之間的連結切斷。我保守一點說好了，他的研究迷得我神魂顛倒。

史培利施以連合帶切開術（commissurotomy），將胼胝體切斷，連結兩個大腦半球之間的近三億條神經軸突纖維束於是斷開，成功防止不正常放電情形波及另一個半腦。裂腦手術還揭開另一項優勢：葛詹尼加（Michael Gazzaniga）博士對這類病人執行心理實驗，深究胼胝體切斷後、兩半腦分別運作的模式，研究結果斐然。

我這初出茅廬的神經科學家，尤其著迷於這些實驗有如《化身博士》（*Strange Case of Dr. Jekyll and Mr. Hyde*）的故事：兩個大腦半球在心理學及解剖學上的能力涇渭分明。顯然兩個半腦中間的連結切斷後，裂腦病人的行為就像是兩個獨特的人格，表現通常背道而馳。

　　部分病人身上,「占據」右腦的人格表現出的意向與行為,會與「占據」左腦的人格恰恰相反。舉例來說,一名男士想用左手(右腦)打老婆,右手(左腦)則同時保護老婆。其他時候顯然也出現相同狀況:他一手使勁拉下褲子,另一手卻同時替自己拉上。

　　另一名病人剛好是個孩子,則是左右腦言詞不一致。問及人生目標時,他右腦說長大想當賽車手,左腦卻想當製圖師。還有一位病人提到,她每天早上選衣服時,都要爭鬥一番,左右手好比同極相斥的磁鐵,各有既定喜好,早就描繪好自己當天該穿什麼。她去雜貨店買吃的,兩個半腦想要的食物也天差地別。她手術過後一年多,才有辦法駕馭單一意向,有意識的遏止兩個意見相左的人格在內心激烈交戰。

　　你讀到這些故事,務必了解,這些經過連合帶切開術的病人在解剖學上和你我的唯一差異,在於我們的兩個大腦半球之間有胼胝體連結,互相溝通。科學家理解到,以神經解剖學而言,大部分的連合纖維本質屬於抑制性,運作時,訊息是從一個腦半球的某組細胞,跑到另一腦半球對應的那組細胞。兩個腦半球的細胞隨時為活躍狀態,但對應的腦半球細胞群卻是分別處在支配與抑制的狀態。

　　如此一來,一個腦半球即有能力抑制另一個腦半球對應的細胞群,支配特定細胞群的功能。例如,我們專心聽某人所說的詞彙及意義時(左腦),比較不會專注於對方的語調變化或情

緒內容（右腦）—— 但這反而是對方真正打算溝通的事情，反
之亦然。譬如，有沒有人曾對你大吼，說你根本沒聽到重點，
而你錯愕不已？

 只需激發單個半腦的優勢？

1970 年代和 1980 年代，社會上對裂腦研究的反應有點過
於熱烈，著重開發「右腦」或「左腦」的社群課程如雨後春筍
冒出，許多學校甚至積極投入，設計出可以刺激一個半腦或兩
個半腦的課程。左腦人及右腦人的刻板印象進入主流：左腦人
表現較有條理、準時、注重細節，右腦人點子多、創新、運動
發達。

可惜，在大家痴迷左右腦之際，許多家長想讓孩子贏在起
跑點，策略卻是讓孩子接觸適合其天賦的課程。沒錯，這合情
合理，畢竟家長希望孩子因拿手之事獲得回報。不過，若家長
希望孩子全腦、全方位均衡發展，較完善的方式應該是鼓勵孩
子參與自己並不拿手的活動。例如，若孩子具左腦優勢，擅長
科學及數學，可以鼓勵他們參加戶外活動，到林間探索與蒐集
資料，也可以引導擅長運動及藝術的孩子發揮創意，設計超酷
的科展作品，參加衡量某類表現的科學展覽會。

由於過去四十年來，家長只著重激發單個半腦的優勢，造
成孩子的能力朝向兩極端發展。目前有些著作及教學技巧專門

開發不慣用的腦半球，例如至今仍廣為使用的經典之作《像藝術家一樣思考》（*Drawing on the Right Side of the Brain*）。另外，你不必費勁就能發現，行銷人員如何善用策略，瞄準我們對右腦或左腦的偏好。就連電腦作業系統也符合這種分野：一般認為蘋果產品直指右腦創造力，任何微軟的可笑產品則直指左腦分析力。還記得黑莓機嗎？這機子則是用來讓我的右腦哀哀叫。

左腦是序列處理器，右腦是平行處理器

依此種刻板印象推廣的科普知識五花八門，旨在開發左右半腦的潛能。除此之外，也有成山成海的實證科學，清楚描繪左右半腦在解剖學及功能上的差異。如想知道半世紀以來，科學家在巨觀與微觀方面發現了哪些差異，英國精神科醫師麥基爾克里斯特（Iain McGilchrist）博士的《主人與使者》描寫得深入淺出，亦蒐羅最新的研究內容。

如想了解哈佛精神科醫師如何與左右腦人格合作，協助精神病人復原，不妨閱讀薛佛（Fredric Schiffer）博士的《雙腦革命》，著實教人大長見識；該書甚至敘述了兩個人格有多麼相異：其中一個人格體驗到的疼痛感，另一個人格真的會感覺不到，或是也不會表現出來。

若想知道處理心理健康問題的替代工具，史華茲（Richard Schwartz）博士的內在家族系統[15]值得一試；該模型有助辨識一

個人的部分性格，以便互相合作，找出健康的解決之道。上述
書籍與工具皆發人深省，可幫助大家知曉大腦的奧祕。

　　本來左右腦就會持續造就任一經驗時刻的整體經驗，所以
我的意思並不是左腦或右腦獨立運作。現代科技顯示，任何時
刻兩個半腦顯然皆會造就神經系統的輸入、經驗與輸出。然而
如我先前所述，腦細胞的標準做法，就是支配並抑制對應部位
的腦細胞，因此，除非死亡，腦部在任何情況下，都不是全開
機或全關機的狀態。

　　想了解大腦運作，自然會提出這問題：「一群腦細胞到底
怎麼可能合作打造一種人格？」我可不是第一個提出這問題的
人，我也不是第一個經歷腦部創傷、性格大變、創傷細胞復原
然後重拾舊迴路、舊技能組合、舊人格特質的人。不過，我大
概是第一位歷經腦部創傷及復原、踏上求解之路的神經解剖學
家，率先深入探查自己大腦神經與心理方面的運作模式，並獲
得四大人格的獨到見解。

　　腦細胞是美妙的小生物，形態大小各異，其設計說明了執
行特定功能的能力。例如，位在兩個半腦主要聽覺皮質區的神
經元具有獨特形狀，能處理聲音資訊；其他連結不同腦部區域
的神經元，形狀也適合其功能，運動系統的神經元更不例外。

　　值得注意的是，從神經解剖學的角度來看，每個人的腦部
神經元本身以及互相連結的方式，基本上並無二致。從結構上
來看，每個人的大腦皮質最外層的隆起與溝渠根本一模一樣，

而且相像到——如果你腦部特定區域受損，我腦部該區域也受損，那我倆喪失的功能也一模模一樣樣。以運動皮質為例，如果你和我某個半腦的特定細胞群都受損，我們的身體超有可能在同樣的部位癱瘓。

左右半腦固有功能的差異在於，神經元處理資訊時，各有獨特方式。先說左腦，左腦神經元其實是以線性方式運作：會先接收一個想法，拿這個想法和下一個想法互相比較，接著再拿這些想法的副產物和再下一個想法互相比較。由此可知，左腦能以次序方式思考。例如，我們知道必須先發動引擎，才能打檔。左腦可是令人嘆為觀止的序列處理器，不僅創造抽象的線性（例如 $1+1=2$），還為我們展現出時間性，將時間以線性感，分割成過去、現在與未來。

右腦神經元則完全不是用來建立線性次序，反而有如平行處理器，可引進多條資料流，同時顯示單一的複雜經驗時刻。記憶是由兩個腦半球共同創造，右腦則替記憶的創造成果增添深度，豐厚了此時此地的面貌。

儘管許多腦細胞負責執行顯而易見的工作，例如理解語言或呈現視覺，其他神經元卻負責創造想法或情緒。「模組」這詞就是用來說明哪組神經元和其他神經元互相連結，並以集合體的形式共同運作。我們大腦中的四大人格，即是以特定且獨特的神經元模組運作。

* *

我的左腦終於澈底關機之時，

我已滑進右腦的平靜意識，再也沒有任何急迫感。

* *

　　我左腦溢血，顱內發炎、腫脹、壓力上升，大部分左腦細胞紛紛下線。左腦細胞原本透過胼胝體支配我的右腦細胞，為了應付創傷，開始鬆綁右腦細胞，正如裂腦病人的情況。此時左腦掌管思考及情緒迴路的人格退位，右腦掌管思考及情緒模組的人格解開桎梏、掙脫，成為新的主宰，自由奔騰。

　　若你好奇為何我左腦整個斷線，還能憶起中風當天早晨的點點滴滴，請容我再次強調，雖然我左腦迴路因溢血而關機，我可沒死，也沒失去意識。況且，中風也不是腦袋爆開──砰的一聲，然後就灰飛煙滅。實際情況是：左腦血管爆開後，四小時內，愈來愈多血液慢慢流進左腦組織，關閉所經之處的迴路，感覺比較像是緩慢漏電，不是頓時停電。因此，我的右腦彷彿播放影片，得以回放中風當天早晨的記憶。

　　我的左腦終於澈底關機之時，我已滑進右腦的平靜意識，再也沒有任何急迫感。我的右腦暫時僅存在於當下時刻，過去的遺憾、現在的恐懼、未來的期盼，全都不復存。自彼時起，經過八年復健，我的右腦迴路顯然仍一直負責處理此時此地的

經驗，而我的左腦則彷彿 **跨越時間的橋**，負責連接這個當下時刻，到過去時刻，再前進下段時刻。不知怎的，我左腦細胞是以這種方式運作，我才得以執行線性思考。我的左腦竟然知道我必須先穿襪子，再穿鞋子，堪稱奇蹟。

我們腦袋分成兩半球，顯然是有原因的。沒有左腦，我們完全無法在外界運作，因為沒了過去，沒了未來，沒了線性思考，沒了語言，更感受不到身體的疆界。左腦賦予個體性，右腦則不僅使我們連結人類集體的意識，還連結了廣大遼闊的宇宙意識。

若只有一個腦，而不是兩個半腦協力，我們就無法自然而然體驗到此種雙重性；也因此，我們的內在持續產生衝突，根本再正常不過，畢竟左腦和右腦各持自主觀點。有時候我的左腦可能想做作業，還要馬上做完，右腦卻寧願先出去玩一波，把作業留到死線前最後一刻。

🧠 大腦中的四大人格

兩個腦半球的差異，並不止於解剖學和生理學上的差異，也不止因此而得的技能組合。我從失去左腦功能到重建的這八年，習得的體悟是：左右半腦除了執行相反能力、建構不同現實之外，其實各具有可預期的特定性格，並可進一步劃分為你上一章稍微打過照面的四大人格。

更精確的說，我全力搶救左腦思考模組（一號人格）功能的這段期間，迎回的是目標導向、有條不紊、做事有方、管控有序的人格。她主宰了我中風前的生活——她實力雄厚，運籌帷幄，時間管理一流，判斷力十足。她康復後，也打算重新指揮大腦。

此外，隨著這個掌管思考的左腦一號人格又能開始線性處理資訊，並判斷事物好壞對錯，我在其他時空築起的記憶逐一浮現，得以再次體驗情緒。這麼說好了，我們是有能力對已經發生的事感到愧疚或羞慚，也能逐漸堆積憤懣，或是找機會報仇。左腦的**情緒**模組一旦修復到可以重新上線的地步，我又可以體驗到這類情緒。也就是說，嚴謹又多產的一號人格與左腦的**思考**組織重新上線，帶著傷痕而小心翼翼的二號人格也亦步亦趨，跟著左腦的**情緒**細胞網路重新現身。

在此承認，我真的很享受左腦情緒模組停止運轉的時日，舊日傷痕隱沒，而我畢竟也不懷念孩提時情緒迴路留有的那些痛楚。話雖如此，生活少了深刻情緒的多樣，也索然無味。左腦掌管情緒的二號人格，能感覺並知曉昔日的傷痛，是這個二號人格將我們直接帶往懸崖邊——不是推我們躍過懸崖，讓我們成長，就是拉我們回到熟悉的安全區域。我必得知道什麼安全、什麼不安全，才能界定自己的安全界線；我必得知道哪些事情對，才能體認哪些事情不對；我必得知道黑暗或悲傷，才能辨識光明或喜悅。

左腦掌管情緒的二號人格若感知到傷害、危險、或不公不義，就會尖叫、哭咽、暴怒；但恐懼一經觸發，也是這個人格拉住我們，叫我們逃走或定格在原地。多年來，這個溫柔脆弱的二號人格負責將往日的痛楚存放在記憶中，為的是保護未來的自己。若我們想要往最棒的自己演進，享有最完滿的生活，就得與左腦二號人格健康共處。當我們勇敢到足以站在痛苦的中心點，得以聆聽真正的心聲，即可成長、茁壯。

在我復原過程中，新當家做主的**右腦思考**四號人格，感覺起來開闊、廣大、和善，又和宇宙一樣浩瀚無垠，儘管由壓力驅使的左腦一號人格已逐漸復原，打算大搖大擺的舞回崗位，四號人格卻沒什麼意願讓一號人格復職。

說實話，一號人格神經網路重新運轉，我又可以說話、理解別人，得以辨明身體的疆界，著實感覺歡躍；但我還是寧願體現四號人格那開放的心靈，永無止境的享有平靜感激之情。這是為什麼我有意選擇繼續由右腦主導自己。我都可以選擇自己想運作的迴路了，你沒理由不行。

繼續**翻**閱本書，即可全面摸清你的四大人格，體認到這些人格在你體內的感受，也可以知曉自己能時時選擇成為自己想要成為的人，知曉你如何成為那個自己。

第三章
大腦最佳團隊：四大人格

🧠 四大人格各有哪些特質？

前一章描述的裂腦實驗，箇中美妙之處在於：不僅發現了左右半腦在神經解剖學及功能上的差異，其實已映證了我所稱的四大人格的存在。動手術將兩個半腦分開，代表已獲得科學實證，不單是一顆腦袋可以分成兩半，事實是兩個腦半球容納的是迥然有異的人格，各展露了自己的想望、夢想、興趣、欲念。（不妨想想接受連合帶切開術的病人，若葛詹尼加想讓這些病人的兩個半腦都以 MBTI 分類，會得到多少寶貴知識。）

我不確定是什麼原因，但現代科學界已不再關心 1970 年代那些從裂腦研究獲得的大量啟發，尤其是腦內那些多樣但通常互相對立的人格；或許這概念會式微，只是因為科學界面對大眾的過度炒作，一心趕緊滅火，卻也連帶滅掉迸發的火花。或者，並不是所有人都察覺到自身性格的多重面向，連參與實驗的科學家也沒注意，因此，原本播下的知識種子，並未迎來使其茁壯的水源。

在〈你腦內的兩個世界〉這場 TED 演講中，我故意挑戰觀眾的認知，說道：「我們左右腦思考不同的事情，關心不同的事情，我也敢說，左右腦性格迥異。」不管這想法是否為大眾接受，我這就要提著一桶桶水，重新灌溉這個至關重大的議題。

　　以下列出左腦一號人格和右腦四號人格的特質，請注意，
這兩個掌管思考的人格，感知與處理資訊的方式正好相反：

左腦掌管思考的一號人格 （序列處理器）	右腦掌管思考的四號人格 （平行處理器）
語言	非語言
以語言思考	以圖像思考
線性思考	體驗式思考
以過去／未來為本	以當下為本
分析	動覺／身體
注重細節	觀察全貌
尋找相異處	尋找相似處
嚴於評斷	慈悲為懷
準時	隨時間流動
個體	集體
精準／確實	彈性／韌性
固定	接納可能性
著重於「我」	著重於「我們」
忙碌	空閒
有意識	無意識
結構／次序	流體／流動

　　以下列出左腦二號人格和右腦三號人格的特質，請注意，
這兩個掌管情緒的人格，體驗情緒時的方式也正好相反：

左腦掌管情緒的二號人格	右腦掌管情緒的三號人格
局限	廣大
僵化	開放
小心翼翼	大膽冒險
焦慮驚恐	少憂無懼
嚴厲	親和
有條件的愛	無條件的愛
懷疑	信任
霸凌	支持
理所當然	感恩
操控	順應流動
屢試不爽	創意／創造力
獨立	集體
自私	分享
好批判	友善
區分優劣	平等
是非好壞分明	視情況而定

替你的四大人格命名

本書第二部〈細觀四大人格〉將詳述四大人格的技能組合及內涵，不僅將協助你辨識腦內這四大人格，還會指引你如何推動各人格互相合作，造就健康發展的大腦團隊。

第三部〈四大人格原形「必」露〉將探究四大人格的行為模式，或者以我喜歡的說法：「捕獲原生的四大人格」。首先第九章會檢視四大人格怎麼對待自己的身體；第十章說明各人格如何依既定模式來經營愛情。我們的最終目標是創造更多連結，進而提升自身健康，並促進與他人的健康關係，因此第十一章將探究成癮症對四大人格可能造成的損壞，以及為什麼復健可能會對某些人有效，對某些人卻無效。第十二章將回顧四大人格過去一個世紀以來的演進，剖析新科技對不同世代造成哪些深遠影響。

在第二部，為了清楚闡述，我會說出我替自己體內四大人格取的名字，談談我認識的她們，希望各位能倍覺親切，也方便識別自己體內的四大人格。我深信，我們都必須主導自己的四大人格，所以我除了「一號人格」、「二號人格」等名稱之外，並未使用通用泛稱，而是認真命名。你真的應該騰出一點時間深思，想想哪些名字對你深具意義，自己也替你的四大人格命名。

命名時，請別設限，想要多柔順、多正式、多惡搞，都可以。有些夥伴選用父母或朋友的名字，有些選用神話或虛構故事的名字，當然也可以從自己的名字變化，或者根本就是天外飛來一筆。反正重點是，你一提到那名字，那人格的各種面貌要能全力直衝心頭。

從解剖學來看，我們每個人都有個全腦，都有四大人格。不過，你可能會發現某個人格可能氣勢凌人，某個人格幾乎都在神隱，若你實在無法分辨出任一個人格，或許可以問問另一半、或問問值得信賴的好友，搞不好他們認識那面向的你。

請注意，雖然我們有些想法、情緒、行為並不值得拿來說嘴，四大人格都沒有好壞對錯之分，都值得我們愛與尊重。此外，我們看待自己的方式和別人看待自己的方式不同，這是稀鬆平常的事。希望不管你獲得何種見解，都將證明是促進個人成長的重要工具。

讓四大人格通力合作

前文提過，四大人格是腦半球的細胞、迴路、思考及情緒組織功能模組的天然副產物，但這在你的日常生活有何意義？請想想，有哪一天你的內在沒感到衝突？兩個腦半球重視的事物迥然紛異，是故，心想著東，腦袋卻說著西，基本上就是大腦不同部位起了爭執。

　　例如，左腦掌管思考的一號人格，依其價值觀，可能這樣想：「新工作薪水較高，明顯是升官，但要去新城市，我該接下嗎？」右腦掌管思考的四號人格，卻可能這樣想：「目前的工作可以讓孩子待在熟悉的學校環境，和親友維繫感情，我該繼續做這份工作嗎？」

　　同理，左腦掌管情緒的二號人格可能這樣想：「這人傷得我好深，我只想討回公道，也想狠狠傷害他。」右腦掌管情緒的三號人格則是：「我就從遠處表達我的關愛，盡可能遠離對方，並創造我需要的空間和時間，這樣心靈的傷才可能癒合，帶著尊嚴，往前邁進。」

　　若遇到上述情境，要是我們能了解是哪個人格出現在對話中，驅動因子是什麼，就能讓我們有意識的做出選擇：要成為什麼樣的人，以及，要怎麼才能成為那樣的人。

＊＊＊＊＊＊＊＊＊＊＊＊＊＊＊＊＊＊＊＊＊＊＊＊＊＊＊＊

心想著東，腦袋卻說著西，

基本上就是大腦不同部位起了爭執。

＊＊＊＊＊＊＊＊＊＊＊＊＊＊＊＊＊＊＊＊＊＊＊＊＊＊＊＊

　　你愈來愈會辨識自己的四大人格，學會欣賞、重視各人格的技能組合，就得以更有意識的做出選擇。不過，只是了解這些人格還不夠，最終目標是讓這些人格彼此熟悉，足以打造健

康的互動關係；四大人格將集為一體，善用你所有天生才華，齊心並進。

　　不管是賽場上的球隊，還是職場上的同事，任何情況下，團隊成員都會集合開會，評估情勢，制定策略。你的大腦團隊則由四大人格組成，隨時都可開會，分析你人生的情勢，共同決定下一個情境中想當什麼人、要怎麼達到目的。

　　本書第二部除了仔細審視四大人格，還將說明**大腦會議**（Brain Huddle）的五大步驟，目的是要：有意識的暫停思緒，召喚四大人格一起進入我們的意識，接著以團隊之力，思量最好的下一步。我鼓勵各位平常沒事就多練習召開大腦會議，以便大腦快捷有效的制定重大決策。如果你願意在日常承平時期訓練四大人格攜手合作，兵荒馬亂之時，就能收穫極大助益。

　　在此，我們先快速預覽大腦會議的五大步驟：

　　呼吸（Breathe），深吸一口氣，再慢慢吐氣。你可按下暫停鍵，中斷情緒反應，心思全放在當下時刻，著重於你自身。

　　體認（Recognize）當下時刻是哪個人格的迴路在運轉。

　　欣賞（Appreciate）自己當下展現出的人格，感激這四大人格隨時伴我左右。

　　探問（Inquire）內在，邀請四大人格都來開會，如此才能集合眾力，有意識的規劃下一步。

　　釐清（Navigate）新的現狀，享受四大人格通力合作、發揮最佳實力的成果。

　　此時你應會發現，大腦會議五大步驟的英文首字母，組合起來即為大腦的英文 BRAIN，[16] 對此，我當然洋洋得意，覺得取了個好名。更重要的是，目標相當明確：你能因此快速記起這些步驟，並立即應用，尤其壓力升高而二號人格壓力迴路超速運作之時，焦慮或恐懼的化學物質湧入血流，淹沒迴路，你根本無法思考。但是 BRAIN 這縮寫可以如霓虹燈般閃耀，指引你召集大腦團隊合作，找到返回右腦平靜之路。

　　召開大腦會議，能助我們有意識且刻意的召來四大人格，加入對話，這過程強而有力，大大賦予力量。我們有能力中斷情緒反應的自動迴路，有意識的選擇當下要由哪個人格主導。知道自己的四大人格，且有能力分辨他人的四大人格，有助我們更自然而然的以全腦互動。我們真的有能力打造健康關係、修補彼此的關係。

前往平靜之地的英雄旅程

　　正如第一章〈我的故事，我們的腦〉所述，你開始挖掘四大人格，學習將這知識整合進大腦團隊，正可視為一段旅程，恰好映照了坎伯的經典英雄旅程。此外，值得一提的是，這四大人格明顯呼應了榮格（Carl Gustav Jung）「無意識心智」[17] 的四大原型：人格面具、陰影、阿尼姆斯／阿尼瑪、真我。[18]

　　在英雄旅程的經典故事中，英雄順應召喚，將處理外界現

實的理性意識拋諸腦後，不再以自我為中心。套用至四大人格的論點則是：英雄必須踏出一號人格那以自我為中心來思考的左腦，進入右腦的無意識領域。為了順利啟程，英雄必須願意拋開所擁有的一切與世俗的認知，接納自我個體性的逝去。我姑且稍稍更動愛因斯坦的名言：我們必得先願意放棄現在的自己，才能變成將來想要的自己。[19]

你或可想見，這是多麼艱巨的任務。當然也是因為如此，英雄才堪稱英雄，必須將習得的一切擱置在旁，拋開成長過程中的所見所聞。（這點還滿像佛陀的旅程，他聞名之舉就是拋開自己的地位以及世俗的一切，以助他體證生命實相，獲得開悟。）不過，一旦英雄選擇卸下左腦那理性、以自我為中心的個體性，即進入無意識的右腦領域，將可遇見阿尼姆斯／阿尼瑪，也就是英雄靈魂中那雌雄同體的本質。在同一個當下，英雄不能既是個體自我、又是集體自我，必須放下老愛主宰一切的左腦（一號人格及二號人格）以公正為名的判斷，方可體現右腦那慈愛的個性（三號人格及四號人格）。

＊＊＊＊＊＊＊＊＊＊＊＊＊＊＊＊＊＊＊＊＊＊＊＊＊＊＊＊

誠摯邀請你踏上屬於自己的英雄旅程，

探索你的四大人格，

而這四大人格，就在你的全腦之中。

＊＊＊＊＊＊＊＊＊＊＊＊＊＊＊＊＊＊＊＊＊＊＊＊＊＊＊＊

泅泳於無聲的幸福之海

我們出生之時，對個體性沒有概念，兩個半腦在結構及珍視的價值上也相像。不過，隨著時間流經，左腦細胞會逐漸發展出足以界定身體疆界的能力，讓我們得知身體始於何處、終於何處；有能力辨識自我後，便有能力將自己視為與萬物分離的個體。正是在這些時刻，左腦個體意識的小水滴，開始從源頭那片廣闊無垠的宇宙意識之海分離出來。英雄左腦的自我意識細胞尚未感知自我、發展出個體性之前，他擁有的是右腦無意識心智的集體認知。經過一段時間，左腦開始個體化，逐漸支配並抑制右腦心智的所知所想，結果，英雄右腦的宇宙意識就轉移至背景之中，成為無意識的直覺。

據說英雄一放下左腦名為正當與自我的那把利劍，就從左腦的個體性解放，溶解返回宇宙那廣闊無垠的意識，回到他發源之處。英雄彷彿返回大海的水滴，立刻受到歡喜極樂包覆，這裡滿溢著他出生之前，靈魂就熟悉的永恆之愛；他的靈魂猶如曾是、但已忘卻的那頭大鯨，泅泳於無聲的幸福之海，感受天人合一。

一旦英雄和他那對死亡的恐懼奮戰、和他在日常生活中扒著不放的左腦怪物奮戰，他就能暢快享受由英雄任務獲得的啟發，同時徜徉在右腦極樂世界的智慧之中。不過，在這時刻，英雄必須抉擇：是要返回家鄉，分享他得之不易的全腦知識，

還是要獨自咀嚼一路汲取的見識。返回家鄉的他已全然蛻變，如今的課題是，得思考如何身處外界而維持生活平衡，還得照顧那些有意識的人格與無意識的人格，以及四大人格互相衝突的價值觀。

 ## 寫給四大人格的話

　　我在本書刻劃的這四大人格，為榮格那歷久不衰的四大原型，提供神經解剖學方面的路線圖。大腦譬如一間四房的家，樓上、樓下各有兩房。我們以最少氣力，即可訓練自己在心靈裡辨識四大人格，刻意培養四大人格之間的健康關係，接著讓四大人格化為一體，組成大腦團隊，引領著我們，平心靜氣的過活。

　　若你有意願按下暫停鍵，釐清大腦中的現狀，若你願意觀察自己在不同情境下展現的面貌，若你準備好將現在此時的覺察，套用至你的思考模式與情緒模式，那麼，你將可順利踏上人生軌道，時時為自己做出選擇。我很誠摯的邀請你踏上屬於自己的英雄旅程，探索你的四大人格，而這四大人格，就在你有意識的腦半球與無意識的腦半球裡—— 也就是全腦之中。

　　平靜真的只在一念之間。

　　在此，我想對你的四大人格說一些話：

左腦掌管思考的一號人格

寫給一號人格：

吸口氣，保持開放的心胸。

吐口氣。我要你給我讀完這本書。

你要邊看邊找碴，可以，但請帶著開放的心。

我知道，你會注意我的錯字或語意錯誤，

但若你能跳過這類細節，就會獲得實用利器，

得以為你的世界建立更多秩序，

與身旁親友的連結感更深刻。

你的一號人格可能會替這本書下的標題：

《了解大腦，掌握力量》

《掌控大腦：活出完滿人生》

《成功始於大腦》

《情緒智商的十萬個為什麼》

一號人格讀完本書後，心得可能是：

「左腦，右腦，好好呼吸。」

「真想不到，我的其他人格其實值得重視。」

左腦掌管情緒的二號人格

寫給二號人格：

沒關係的，你可能不會愛這本書，但還是沒關係唷。

我聽見你的聲音了，你很重要，

你負責發出警報保護大家，是這團體中重要的一份子。

這本書將能協助其他人格更了解你，

保證你的安危，重視你的價值。

你會讓我們洞悉成長極限，並突破自我，

你是不可或缺的組成部分。

沒有你的指引，我們不會安全，

不會演化成最棒的自己，也不會活出最棒的人生。

你的二號人格可能會替這本書下的標題：

《感覺，至關重大》

《你的感覺很合理》

《駕馭你的痛楚》

《我們是會思考的感情生物》

二號人格讀完本書後，心得可能是：

「我有這種感覺也沒關係。」

「我可以快樂。我可以接受。

　我知道為什麼自己有這種感覺。我很重要。

　我表現得還不錯。我感覺獲得了力量。

　我是活出完滿人生的關鍵。」

右腦掌管情緒的三號人格

寫給三號人格：

原文版當然出了有聲書！

你也可以繼續閱讀，好好享受這本書。

我知道你現在寧願去做真的驚險刺激的新鮮事，

但如果你願意拾起這本書，並在你的生活中實踐，

其他人格會了解你有多麼重要，

讓你有更多時間玩樂並發揮創意。

你的三號人格可能會替這本書下的標題：

《我的大腦酷到不行》

《我體內的我們都是超級搖滾巨星！》

《四個好好玩》

《我們的大腦：根本就是一整個辣肉餡捲餅》

三號人格讀完本書後，心得可能是：

「人生比我想像得還棒。」

「我喜歡彼此互相連結。」

右腦掌管思考的四號人格

寫給四號人格：

這本書是關鍵，

足以讓你解開人生中所有讓你持續渺小而拘謹的鎖結。

你是我們與崇高力量[20]的連結，

你相當清楚，珍愛彼此是我們的第一要務。

不只是珍愛我們以外的人，

還要珍愛我們自己體內的各種人格。

這本書會幫助你的左腦人格在「自己做了什麼」

和「自己是誰」之間求得平衡。

你就是一念之間就能迎來的平靜。

你的四號人格可能會替這本書下的標題：

《自在做自己》

《我們就是生命之力》

《和自己的大腦當朋友》

《平靜只在一念之間》

四號人格讀完本書後，心得可能是：

「我們同為一體。」

「繼續讀下去吧……

　果醬不在甜甜圈外面，而在裡面，勢必有其道理。」

第二部
細觀四大人格

第四章
一號人格

—— 左腦掌管思考的區域

　　我們的左腦是與外界互動的主要工具。中風那天早晨，組成我一號人格的細胞網路，正浸泡在一汪血水中，澈底喪失功能。除了喪失來自這些腦細胞的技能組合，我的左腦思考網路還下線了，我特定部分的性格，也就是我認識大半輩子的「小我一自我」也消失了。

　　一號人格的細胞網路無法正常運作時，我不再能辨識身體的疆界，從哪開始、從哪結束，我都無法認清。我得說，就算是像我這樣的神經解剖學家，也從沒學過，原來我腦部有一群細胞有這種功能。這些細胞離線後，我感知到自己是一顆巨大的能量球，和宇宙其他能量以流體形式混合。我感覺好宏闊，深信自己應該不再有辦法將偌大的自己塞回這微小的身軀。你應可想見，一部分的我體認到，這種覺知上的轉變實在令人驚豔，帶來的真知灼見教我滿懷期待。不過，我的一號人格大概會把這種失去自我的事情，判定為人格崩壞——前提是一號人格還有足夠能力思忖這事。

　　我的左腦除了無法感知身體的起點和終點，也不再能確定外界其他任何物體的邊緣或疆界。因此，我自覺是個流體，和周遭萬物的能量一起流動。

　　這種知覺的轉變不無可能，因為左腦就是用來感知物體層次上的差異和分野，並非用來感知次原子層次上那構成物體的粒子，而次原子層次上的粒子，即是我們所稱的無意識心智領域，也就是右腦國度。

🧠 左腦見樹，右腦見林

中風當天下午，我發覺一整團物體的能量流動如此緩慢，左腦根本偵測不到。只要左腦著重在固體的層次，全神貫注在偵測小細節，一心分辨彼此的差異，就無法專心識別構成這些固體的組成像素。換句話說，左腦著重在分辨差異的細節（樹木），右腦著重在不具個別特性且集體行動的像素（森林），這些像素就是宇宙流的一部分。

由於兩個半腦處理資訊的方式大相逕庭，我們對於世界的整體知覺也是由細節（左腦）與全貌（右腦）混組而成，好比鵰從高處展翅翱翔，可探看下方巨大的地景，也仍可緊盯幾百公尺外、那隻脆弱（又看起來很美味）的土撥鼠。

再以鵰來比喻，當我左腦離線而無法偵測物體層次上的資訊，就好比我無法從地景分辨出土撥鼠的身影，僅能感知組成空間的像素化原子，在宇宙流的層次存在。因此，我中風當天淋浴時，就無法從組成牆壁的像素辨識出組成手臂的像素，僅偵測得到能量，和組成我身邊空間的能量混在一起。我對自我的知覺，已繞過所有疆界，實際上變得如宇宙般寬廣。

我腦部一號人格的語言中樞靜默了，沒法與他人溝通，連與自己溝通都不行，而且不僅不能說話、聽不懂別人說的話，還無法辨識字母、數字這種具有意義的符號。中風前，左腦有一群細胞製造了我的身分認同，我知道自己身為吉兒・泰勒。

組成我左腦自我中心的細胞群，知道我是誰、住在哪裡、喜歡什麼顏色，曉得關於我的千千萬萬細節。這些細胞日以繼夜的工作，讓我追蹤得了趣聞、瑣事、記憶、喜好，也就是構成我身分認同的一切。

我，吉兒·泰勒，之所以會存在，正是因為左腦的自我中心告訴自己，我存在。

* *

> 我們會思考自己是誰，
>
> 原來只是左腦一小群細胞的產物……
>
> 這點似乎有些令人不安，
>
> 不過，我們的自我身分認同就是如此脆弱。

* *

左腦自我中心的細胞關機後，我轉移至右腦那片「遺忘」的境地，我不知道自己是誰，也沒辦法憶起中風前的人生。這狀況並不像是我的記憶不見了、而我想不起來，比較像是那段記憶（以及我自己）從未存在過。我們會思考自己是誰，原來只是左腦一小群細胞的產物，而且任何時候都有可能失去自己，這點似乎有些令人不安，不過，我們的自我身分認同就是如此脆弱。

一號人格：難搞的海倫

我除了喪失所有至關重大的能力及感官功能外，左腦離線之時，我也失去了左腦掌管思考及情緒的細胞網路。生理上，我左腦大部分細胞都留在原位，但受了重傷，無法運作，如同關掉了瓦斯爐檯面上左邊兩口爐火。左腦細胞的時間線性感，原本如此有效運作，現在停止了，我擁有的只有此時此刻的浩瀚。踏上旅程的英雄願意自主放下左腦自我的利劍，我的英雄卻不情不願的讓那把利劍遭剝奪。我不明就裡的轉入右腦的無意識領域，沒了左腦，我就和嬰兒一樣無法自理生活。

不過也有可愛之處：失去左腦掌管情緒的二號人格（下一章會詳述），等於完全沒有憤怒與恐懼。左腦的往日經驗不再掩蓋右腦當下的經驗，我轉移至歡喜的極樂世界。當然，儘管這種經驗深具吸引力，左腦一號人格離席，我真的成了只用半顆腦袋的人，這樣在現實世界是無法過活的。（不過，我變得像嬰兒的時候，倒是一點驚慌的感覺都沒有。）

在復健的八年間，左腦迴路重拾功能、再度強大之時，左腦的人格最終也復原並重新上線。如我先前所述，左腦一號人格想要重回王座，發號施令。我中風前，她的處事有效與聰慧有方，協助我達成一些豐功偉業；但中風後，她重視的金錢與名望等外在因子，卻再也不是我前進的動力了。

　　儘管我知道自己後來必須再賺錢謀生，我右腦人格珍視的卻是更平靜的生活，步調更慢，花更多時間與親朋好友同處，享受更深入、更有實質意義的互動。

　　我中風後都是媽媽照顧我，她剛步入七十歲，我爸爸則是八十歲出頭，所以搬回印第安納州，趁父母健在時享受陪伴，成了我的第一要務。我體認到生命多麼脆弱，人與人之間真實而深具意義的連結，成了我人生追求的重點。

　　中風前的我一直充滿幹勁，願意犧牲人際關係，搬離家裡和我愛的親友，追逐職涯名利，一心成為哈佛大學的神經解剖學家。我左腦一號人格極度能幹，她的重要能力得以恢復，我相當感激，但是中風後的我再也不想站上跑步機，不想一直工作、工作、工作。中風前，我左腦一號人格眼中的成功，是由外在成就定義，中風後，我右腦的三號人格與四號人格，從愛人、受愛包圍與替他人服務這種內在標準，找到了意義。

　　我把復原後的左腦一號人格命名為「海倫」，因為她「難搞」，[21] 能將一切打理得服服貼貼。我體會到，自己得澈底仰賴海倫，才能在外界當個正常運作的人類。不過，海倫再怎麼汲汲營營戴回后冠，再怎麼企圖呼風喚雨，這次不可能讓她稱心如意了。

　　從任何角度來看，海倫都是不可多得的人格，我很感謝她重回崗位，讓我有能力自理生活，但，她並不是我最友善或最棒的自我——這樣說好了，每當我朋友打電話來，發現是海倫

接的，就會說：「嗨，海倫。」接著貼心的詢問我，是否可以今天晚點回電。

解析左腦意識

左腦旨在從宇宙流的隨機性創造秩序；左腦也如鵰能縮小視野並瞄準土撥鼠，得以區別差異，將兩項物體視為獨立的個體，之後，即可根據物體細節來統整、分類。

我之所以能分辨驢子和小船，即是因為知道兩者相似部分極少，幾乎是判然不同，而左腦經過一些調校，開始能辨別驢子和猴子，雖然兩者皆有四肢及頭部，但仍有許多差異。左腦再更進一步調校，就更能精準處理細節，得以辨別驢子和馬，雖然兩者外型極為相似，我卻可以辨識出細微差異，適當予以分類。

左腦除了分辨物體的能力，在某些時機也會設法展露身分與意識。我就不長篇大論了，姑且在本書為「左腦意識」一詞定義為：覺察到自身，以及自身與外界的關係。

實體世界的主要基石為物體，而左腦利於將物體從宇宙流背景分離出來，供我們感知並辨別物體。左腦透過比較與批判分析，可以轉移知覺，找出宇宙流中粒子結構與質地上的細微差異，完全側重在物體層次，藉此創造新一層次的意識。

你應該記得 1990 年代魔術眼（Magic Eye）立體圖蔚為風潮

吧，兩張圖合為一張圖，便可以看見明顯的 2D 圖，或是隱藏其中的 3D 圖，端看你的視線多麼聚焦。左腦知覺的特徵之一是對焦平面（plane of focus）的轉移，雖與魔術眼立體圖的運作模式不太一樣，但原理相當。

左腦除了將外界以物體層次視之，透過調校與更高階的辨識功能，便得以定義個體疆界起始與結束的邊緣。具體做法是製作自我的全像圖，描繪我們的內在和外在，此時，左腦將實體世界視為分離的狀態，結論則歸為有外在現實與內在現實。

外界，以及我們和外界的關係，移至我們關注的前線，因為現在我們自己是和萬物分離；這也代表我們不再安全，因為有了生命，又與宇宙流分離，威脅便隨之而來：我們可能失去做為宇宙中心的「個體自我」，[22] 也可能失去生命本身。由於我們已成為自己專屬宇宙的中心，左腦的「自我」神經迴路就上線了，將圍繞在我們個體性四周的外界萬物予以統整。

我們一旦將外界視為與自己本身分離，雖仍意識到永恆之流存在，但永恆之流已轉移至背景中。現在，具有意識的左腦專注在土撥鼠上，忽略做為背景的地景，將右腦知覺的整體領域擱置一旁。

左腦此時製造了新一層次的意識，以便感知物體，並將這些物體視為我們自身之外，藉此產生更高層次的秩序，最終達成劃分精密的進階層次。左腦一號人格的細胞群，會統整、分類、計數、列舉，一旦形成以架構展現的語言，並據此和其他

人溝通，最終一切物體皆受到命名。

如同本書第一部〈大腦導覽〉所述，我們人類的腦部形成高階皮質思考組織後，不僅新增了腦細胞與神經迴路，還獲得行使功能的意識，使我們處於食物鏈頂端。我們獲得理性思考的能力，因此有能力建立可預期的例行程序，並且機械式依據架構來組合物體。受到秩序驅使的左腦細胞，不僅構成我們以現實為基準的意識，也造就了我們在生物界的高位階狀態。

* *

生命是持續進行的活動，

我們所學愈多，左腦就愈渴望學習。

* *

到了此時，我們的左腦技能組合發展成熟，一號人格猛的衝進，企圖主宰一切。一號人格是我們存活於世間的力量，也是我們所展現的面貌：正如第二章所述，一號人格等同人格面具的原型。榮格對人格面具的定義是：「一種面具，其設計……旨在使他人留下明確印象。」[23]

一號人格是我們最強勢的自我，若受到挑戰，將挺身為自己的信念奮鬥，也會運用分辨能力，來定義是非對錯。如此一來，左腦思考組織（一號人格）替我們建立了世界觀及信仰體系，我們將依此制定決策，拓展我們的人生。

我們的左腦思考區域（一號人格）也以線性及系統化格式來處理資料，同時為了因應新刺激，而建立新的神經連結。生命是持續進行的活動，我們所學愈多，左腦就愈渴望學習。神經可塑性即指腦細胞有能力重整互相溝通的神經元，我們學習新事物的能力則有賴於此。

由於我們的大腦是由先天及後天養成的產物，我們其實有能力自願改變存在於感受與想法背後的細胞結構。對於人類來說，這代表：就這星球上我們所能覺察的生命史來看，我們第一次有力量將自己的演化方向，引導至更高層次的腦內溝通。

所以，我們就來好好探究大腦不同區域（四大人格）吧，了解我們必須運用哪些想法，才能改變這些想法背後的細胞結構。我們當然可以透過冥想與正念達成此目的，但召開大腦會議，更能鞏固四大人格之間的關係，將此層次的開放式溝通，化為大腦中的常態。

 ## 一號人格如何立足於社會

我們的左腦一號人格有能力設立目標，有能力朝著目標前進，還有能力面面俱到。左腦可將事物依可重複及可預期的例行程序分組，建構感覺熟悉的實體世界，因此，儘管我們與此世界分離，還是會感到安全。左腦獲得個別意識，澈底精通如何統整空間裡的事物。我們會判斷事物的輕重緩急來排序，會

管控時間以便準時，制定計畫時，則會分時段規劃活動。

一號人格清晨起床時，會將當天視為需要攻克的對手。他們有如熱切的河狸，起得早，熱愛日常規律，逐一劃掉待辦事項，並以此為樂。

職場上，一號人格是能有效執行工作的主管，擅長管理人員、地點、事物，全神聚焦在細節上，極有生產力，會相當用力評判自己的表現，不斷與他人較量。每日每刻都是精進技能的好機會，必須將最有效率的自我，呈現世人眼前。

一號人格忠於本質，非得在自身四周建立秩序，又因注重儀表而講求整潔；所做的一切皆為刻意，因為如果一件事值得做，就值得做到好。時間有其價值，因此一號人格不僅準時，還通常會提早幾分鐘赴約——他們若比你先到場，肯定會注意到你遲到了。

一號人格很珍視實體物質，會購買優質產品，做好分內之事，而且若你拿走訂書機，卻未放回原位，絕對換來他們一臉不屑。他們對賺錢、理財、投資皆相當在行，對於自我推銷、和人應對，皆得體到位。

一號人格本是天賦異稟的理性思考者，能細膩釐清現實脈絡，故能推導制定最佳決策，會花時間琢磨為何自己的思維如此，故將為自己的行為擔起全責。

你的大腦有個完美主義者嗎？放心，就是你的一號人格。

幸好，人類的大腦已經演化出具有一號人格技能組合的模

樣。有了一號人格在產官學界發揮統合專長,我們才得以活在存有秩序的社會;有了這種天生能力,我們這個物種才配置了能掌握想法的神經元。一號人格除了能從容收拾殘局、清理髒亂,在緊湊行程間完美達標,也尊重權威、服從規則,因此得以防止我們做出蠢到不行的蠢事。

一號人格:溫和派與強硬派

一號人格在真實情境是什麼模樣呢?在此先簡略介紹,我在第三部〈四大人格原形「必」露〉才會更深入探究四大人格在生活各場景的行為舉止。

請注意,觀察原生的一號人格時,「溫和派一號人格」和「強硬派一號人格」會輪番出場。若一號人格沒有情緒,代表溫和派一號人格已經上工,若更深層的左腦情緒組織(二號人格)發出警報,則輪到強硬派一號人格上陣。由此可論,一號人格若獨自現身,他就是溫和派一號人格,往往表現得和善體貼,較長時間上工,用力打造團隊;強硬派一號人格則是在二號人格情緒低落時才登場,而且感覺自己正在處理緊急狀況,即使所謂的緊急狀況只在自己想像中發生,強硬派一號人格也會著手處理。

好在我遇到的大部分一號人格都是溫和派,條理分明,精明能幹有效率,也和善待人。有時候,若我們成長過程中經常

處在會觸發情緒警報的環境，一號人格會學到要以強硬派的姿態過活。要是你願意探問一號人格背後的激發因子，可能最後會發現自己仍是溫和派；但假使你的一號人格是伴著二號人格的壓力與焦慮迴路而長大，你的行為表現可能就比較不像態度溫和的團隊領袖，而比較像是作風強硬的總司令。

我中風前，左腦二號人格常處在高度警戒狀態，所以中風前的海倫絕對是強硬派。我記得自己以前開會時，經常暗自抓狂，太多太多事情都覺得好冗長、好沉滯，一有人偏離主題，我都有股想要厲聲批判的衝動，背部也真的會爬上一股強烈焦慮的痛楚。由於童年創傷，我的二號人格必定活躍，放鬆能力並不存於我的生命辭典中，但中風後，那小小的二號人格迴路抹滅了，絕望感和迫切感也隨之散逸。中風後，海倫獨自重新上線，變得柔軟溫和，也更加愉悅輕盈，不再緊拉著我青春期的全速警報。

強硬派的職場作風

由一號人格主導的職場主管，皆以線性思考，專案理所當然是從頭開始。然而，一號人格職場主管的領導風格，也可以區分為強硬派與溫和派：強硬派猶如驅趕牛群的牛仔，繞著牛群騎，從後方鞭策，雖然帶頭領導，卻不是團隊的一員；溫和派則如牧羊人，會在羊群中穿梭引路，從旁給予協助。

　　強硬派主管影響力大、批判力強，運用審查過的構想與資料領導團隊，但將團隊視為勞力，並不視為一群人。對強硬派主管來說，成敗都會招致實質的後果。他們重視理性，認為情緒不應存在於職場，情緒是不堪一擊的弱點，手下的職員都不該有情緒。強硬派主管對於自己能全神貫注工作，頗為自豪，認為自己在食物鏈上，比底下工作的職員位階還高，從來不會「我也是」的附和，也不會展現脆弱的一面，以強化這種價值的分野。

　　強硬派主管超絕群倫，眼中只有手頭的工作，沒興趣與員工培養默契；強硬派主管面對混亂和不確定，一樣不動聲色，因此團隊成員從沒摸清整體專案的真正狀態。由於強硬派主管高高在上，以權威姿態指導專案執行，不讓團隊成員掌握專案的全貌，員工目光若維持狹小，主管就能鞏固權威地位，畢竟員工不知道實際詳情，基本上就沒得懷疑主管是否英明。

　　強硬派主管已預設期望，著重結果，並不重視團隊應採取的執行步驟，領導方式也是以線性運作，一件件逐項完成，因此可能要到大事不妙了，才會發現根本問題。若團隊無法觀照全局，釐清該達成的目標，又缺少路線圖以利成功執行，這種團隊根本無法預測小缺失或大缺陷，也無法予以補救。

　　正如方才所述，強硬派一號人格是由焦慮狀態驅動，在左腦二號人格影響下蓄積力量，其迴路是用來保護二號人格；二號人格囚禁在反覆循環的恐懼中，若強硬派呆住或認輸，就無

法擺脫那緊咬二號人格腳跟的怪物。因此，對於習慣在清晨四點十五分起床的強硬派主管而言，洞燭機先並非難事，休息與冒險才難如登天。

強硬派主管對自己極度嚴苛，一旦旗開得勝，會覺得是個人贏來的，但站在頂端獨自領導專案，仍覺高處不勝寒。每場勝利只會揭開另一座該攀登的山頭，又會迎來另一隻該擺脫的怪物，所以他們不會滿足，不會踢開，不會放鬆。潛伏在成功以外，隱隱約約的不祥念頭是：「然後呢？」強硬派主管一旦跌倒，會跌得遍體鱗傷。

強硬派員工與強硬派主管相仿，在組織嚴密的環境中表現良好。對失敗的恐懼才會驅使他們達陣，所以必須明確界定何謂「成功」—— 他們在意終點迎來的重大勝利，不會對一路上贏得的小小成就喝采。

強硬派員工績效頂尖，但只會按上頭要求做，不會多給其他的了。他們不具備所需的洞察力，無法真正為自己著想，沒辦法協助提升專案價值或帶來什麼卓識遠見。話又說回來，強硬派主管認為別人會威脅自己的優越地位，本來就不想邀人集思廣益，因此，強硬派主管通常和強硬派員工配合順利，前提是員工不覬覦領導高位。

轉型時機一來，除非這種轉型可強化自己的優勢，否則強硬派會執意推託，也就是說，若改用軟硬體等新科技有助自己先馳得點，強硬派才會樂意接納。不過，雖然強硬派主管會要

求推動轉型，卻不會親自執行；要叫他們忍受轉型過程中的不便，唯一前提是成果會帶給自己優勢。

溫和派的職場表現

溫和派主管和強硬派主管類似，思考能力也卓著，但深知團隊是一群會思考、有感情的人，能以團隊成員的角度設身處地。溫和派以同理心領導團隊，成員是因為不知情才犯錯，並非無能。溫和派主管也知道大家力求盡善盡美，已思量出最佳方案，若專案執行期間出現問題，溫和派主管只需要調整團隊成員的思維，協助大家回到正軌。溫和派主管不會高高在上，他是團隊不可或缺的一員；會融入彼此，也不排斥說出「我也是」。員工會感覺自己與溫和派老闆並肩共事，而不是為老闆賣命。

溫和派主管會勾勒願景，規劃路線圖，讓團隊成員知道自己肩負的角色，打從一開始就界定好成敗，成員因此清楚自己的職責，因此知道該達成的目標，而享有安全感。

溫和派主管會動手實作，但不會事事插手，員工在每個階段，都會感覺受到支持，受到重視。是故，在溫和派主管帶領下，員工不會只像機器人般辦事，也會注入情感，對自己的心血引以為傲，整支團隊埋頭苦幹，齊步邁進，企盼全體獲得豐碩果實。

　　溫和派一號人格的動力，源自他們需要竭盡全力，打造更美好的世界。身為主管的溫和派積極參與，盡力提升團隊整體動能，適時掌握所有部門的一切進度，司牧整個團隊，引領前行。轉型時機一來，溫和派樂意接納新科技等新事物，深信能促進團隊全面達標，最終也將有助公司成功。

　　當溫和派主管的心血化為碩果，代表是整個團隊共同享有勝利，他們會發自肺腑，慶賀一路上贏得的小小成就，遇到困頓時，不會視為失敗，反而視為轉機，從而降低團隊各成員承擔的風險。因此，每位員工都能放心踏出下一步，共同改正錯誤，攜手創造另一件小成就。面對每次成功，溫和派主管會說：「我們成功了。」強硬派主管則會說：「我成功了。」

　　在溫和派主管領導之下，工作環境和諧融洽，人人皆能獲得滋養，皆能灌注獨特技能。以國稅局查稅為例，不管是誰，都會對這事感到坐立難安，只是因為擔心未知，以及對財務可能造成的影響；但同時，查稅也是再好不過的契機，有專業人士替你審查財務管理系統是否精確，而且免費……這些都好，只要國稅局沒揪出任何問題。

　　不過，即使出現漏洞，查稅也有助該機構按下重設鍵，將財務報表整理得更加精確。二號人格遭到名為國稅局的怪物追打時，強硬派主管會在二號人格的恐懼驅使下，被動因應；溫和派主管卻將查稅視為與團隊共同探勘的機會——誰有這類專案的經驗呢？該如何做好萬全準備？溫和派主管接著會分配工

作，要求大家設定進度。總之，溫和派主管善用合作的力量，應用人人當責的原則，以求發揮最大效用。

溫和派員工在這種人人有責任、事事有進度的環境，將能得心應手，慶祝一路上的小勝利。在這種氛圍中，員工了解自己在專案的定位，也能拿捏自己和老闆的互動模式，得以安心放鬆的做好工作。

話雖如此，比起需要變動、且要求不斷變動的環境，溫和派員工待在逐步轉型的環境，會比較有安全感。例如政府、大企業、學術機構等大型體系，均如一艘巨艦，傾向每次僅轉個幾度，緩慢變換方向。溫和派員工在合適的境況下，會因付出心力而更上層樓，甚至超過職責範圍，使整個團隊獲益良多。

一號人格的海灘時光

一號人格若到海灘度假，會按照原定計畫，放鬆身心，閱讀書報，晒晒太陽。他們翩翩來到海灘時，腳踏名牌涼鞋，身著高價時尚運動服，還帶上整齊有序的包包，裝滿所有必備好物，毛巾（和可愛的小夾扣，可將毛巾固定在椅子上）、飲料架、紙本書或 Kindle、電話、罩衫、防晒乳、瓦比派克（Warby Parker）眼鏡等，一應俱全。

一號人格會打造一座小型海灘據點，是功能齊全、井井有條的工作空間。防晒乳的保存期限，出發前當然早就確認過，

也早就根據晒太陽的時間點與紫外線指數，計算好身體正反面應該晒多久，現場看狀況隨著太陽移動，也如日晷般移動椅子，晒好晒滿，還會算好翻身前應該完成多少閱讀量；同時注意周遭來來去去的人，做好適當防護措施，守住電子產品等個人物品，應付在自己背後玩耍而無意識四處移動的孩子。

一號人格本來就注重細節，哪可能坐在垃圾桶旁。那錯落有致的工作據點，可以在海灘這裡，也可以在家、在公路旅行的汽車裡，反正無論何處，都能打理妥當，顧好東西。不管去哪，都會隨身攜帶裝滿小東西的包包，要打排球，就會衝勁十足，絕對必勝。

一號人格注重整體感，若一群人出遊，會戴上搭配好的遮陽帽，攜帶同款玩具但不同色彩。他們不喜歡鶴立雞群，所以擬妥計畫，確保大家都能一起吃、一起玩、一起去沖澡。如果同伴玩心大起，去做漢娜彩繪（henna tattoo），一號人格也會跟風。

一號人格待在海灘上時，左腦掌管思考的區域自動尋找差異，眼睛會比較不同種類的貝殼，也會注意到當地鳥兒的特殊外觀，他們甚至可能攜帶一本有關當地魚類和植物群的指南。發現鯊魚牙等奇珍異寶想蒐集，就會定睛搜索，僅僅為此就把海灘翻找過，假使碰巧看見海豚，也會超級興奮，想一五一十與朋友分享。

一號人格速寫

整理收納：就連調味料也依字母順序排放架上，剪刀和訂書機當然也會放回所在位置。

分類清楚：衣櫃中的衣服按季節分類，車庫抽屜和櫃子上也貼有標籤。

天生手巧：很會組裝 IKEA 家具，也會替孩子組裝聖誕禮物，打從內心欣賞明確的指示，說明清晰的手冊會讓我感動。

整潔乾淨：外表很重要，所以我在下車或開 Zoom 會議鏡頭前，必先檢查服裝儀容。

妥善規劃：我的行程緊湊，會預留時間處理意外之事，才能保證準時。我很注意數量，在櫥櫃或儲藏室必定留有備份。

服從權威：我澈底了解自己位在哪一階級，會服從我位階以上的人，也會解雇或管理我位階以下的人。

批判是非好壞：我致力符合道德規範，必須做正確的事。

注重細節：我留意細節，抓得一手精準數字，對自己做的一切，抱持完美主義。

精算度日：無論是我下樓時的樓梯數、錢包裡的錢，還是誰事情做不好，我都會逐一追蹤。

保護心態：我將大家分為我們和他們。我保護我的我們，對抗他們的他們。我們是對的，他們是錯的。我們比他們好，我們的需要比較重要。

認識你的一號人格

我要在此鼓勵你探索自己的一號人格。以下這些問題旨在協助你理解大腦這個區域。我們愈熟悉自己的一號人格，就愈容易辨識這個人格的存在，更容易選擇登入這個人格。

若你想先跳過這些問答，繼續往下讀，沒關係唷，我知道這程度的個人反思需要時間，也需要專心和勇氣。你準備好的話，這幾頁將能好好協助你探索一號人格的意識。

1. 你能不能認出自己的一號人格？暫停片刻，想像自己正在建立秩序，負責一號人格的工作。想像自己在辦公、規劃活動或在家中整理物品。

我的一號人格是我大腦中最臻完美的專業區域，可以同時面對多項挑戰，且樂此不疲。喜歡追蹤帳單，整理簡報要點，甚至將稅務整理得脈絡分明。但我這個海倫，老是匆匆忙忙，並不是最有耐心的那個我。她要求自己要有能力、有效率，也以此要求他人。一走進房間，便會快速評估需要與誰談話，需要影響誰，或受到誰的影響。

2. 一號人格現身時，你有什麼感覺？你忙著注意細節時，是否

感到放鬆或興奮？站姿或聲音會不會有變化？胸部、腸胃、
下巴是否感覺收緊？

我的一號人格很強勢，但她並不是我的主要人格，所以左
腦思考迴路運作時，我身體會有點不舒服。海倫的個性有點緊
繃，她還真的會露出撲克馬腳，[24] 真要說的話，她會讓我皺眉
蹙額，而且堅持要我咬緊牙根。任誰都很容易發現她的特殊語
調，明顯比我平常語調更單一，或更帶有質問感。此外，她比
較嚴格，汲汲於完成工作，一心劃掉待辦事項。

3. 如果不認識自己這個人格，該怎麼辦？

假如你真的辨識不了，也沒關係，不過，由於每個人格都
源自大腦固有迴路，你很有可能天生就擁有這些技能。以神經
解剖學來看，任何會清除腦細胞或阻斷我們進入迴路的神經梗
塞或發育性疾病，都可能進一步中斷我們體認到一號人格的能
力，當然，這正是我中風時，一號人格的經歷。幸好海倫復原
得了，也真的重新上線。

你要是沒經歷過嚴重的腦部創傷，而且仍然很難辨識一號
人格，或可想想，是不是有人勸阻過這部分的你，甚至嚴加批
評、羞辱或貶抑？小時候的我們對別人的批判根本照單全收，
我們所依賴的人不管言詞正負，都會對成長中的我們造成深遠

影響。我們畢竟要生存，要與人和平共處，自然會改變行為，以利滿足身旁一些人的需求，若我以某種方式表達自己會招致危險，當然會盡量避免。

你一旦開始注意一號人格在生活中展現技能的方式與時機，請好好注意你的感覺：你處於一號人格時，體內有什麼感覺。你的一號人格現身時，可能開朗不羈，可能外向，自然而然的凌駕他人，或者可能害羞又勤奮踏實，不想引起注意。無論如何皆無對錯，只是你得覺察到這部分的自己存在於體內。你覺察愈深，愈多欣賞，愈多認可，該迴路就會益發強大。從長遠來看，你愈熟悉這個人格在體內的感覺，就愈有能力選擇是否要登入這個人格，還是登出。

若想更深入探究一號人格的技能，或可捫心自問：何時明確展現出我的權威？我何時為自己或他人做出決定？我如何安排時間、整理食物、搭配穿著？我對什麼負責：對寵物負責，或對去一趟超市負責？準時赴約或穿戴得宜的動機？抽屜或櫥櫃是否整齊？有錢時怎麼使用？如何維繫友誼？

假使你依然無法辨識一號人格，或是無法接受這部分的自己、羞得無地自處，請梳理你的過去，看看是否有誰不重視你的意見？也許是老師、爸媽、兄弟姊妹，甚至朋友，不允許你表達心聲？是不是有誰堅持加諸權力在你身上，是不是有誰覺得需要控管你的財務？有沒有人認為你是生活白痴，就堅持照顧你的生活起居，還是有人數落你的缺失，還不斷提醒你，你

一點都不稱職？人與人之間的互動未必都很健康，而且雖然我們一號人格的能力難能可貴，足可帶領自己邁向成功，但是我的一號人格很可能會對你嚴厲批判或默默操弄，打壓你的一號人格。

假使上述做法還是無法助你挖掘一號人格，你或可詢問別人如何看待這部分的你，朋友、配偶、同事可能比你還熟悉你的一號人格，也可能明確知道你的車子和抽屜裡的狀況，完全同意「這部分的你」幾乎不會現身——沒錯，有些人在混亂中還是會持續前進，即使在重視秩序的世界，沒有強勁的一號人格，也可以莫名剛好過得去。

4. 假設你辨識得了一號人格，你會讓這個人格在生活中運作多少時間，在什麼情況下運作？

如我先前所述，我極度尊敬海倫與她的本事，她的表現不同凡響，讓我人生一帆風順。但我體內有另一個人格，我比較希望當作主要人格（後面幾章會詳述）。

我就直說了，無論哪號人格主導，我們都是獨一無二的，多樣性是我們的優勢。你的一號人格可能對你來說會是最稱職的領袖，但我個人寧願多勻出時間休閒，這就不是海倫最擅長的，所以，我的四大人格才會互相協議，安排好海倫上線的時間。你可能剛好反過來，工作時間當作預設值，視情況插進休

閒時間。請放心，怎樣安排都無所謂，只要四大人格都能夠平等發表意見，也都能接受，這樣就好。若要達到內心平靜的境界，所有人格的心聲皆須受到傾聽，受到尊重，受到認可。

海倫會寫下清單，來維持生活秩序，但並不是獨自寫下，而是邀請我其他人格與她合作，其他人格覺察到有事需要注意時，就新增至清單。因此，我所有人格都支持海倫，協助她達到最佳狀態，她的決心加強，只因她感覺備受重視。四大人格參與大腦會議（第八章將深入討論）後，發聲較為一致有力，沒有受誘惑或遲疑的餘地。

假使一號人格是你的主要人格，希望你真心喜愛這部分的自己，也能了解透澈。一號人格用力活在現實世界，若允許一號人格對我們及我們身旁的人管控細節，創造秩序，一號人格就能生機勃勃。不過，姑且在此提醒：一號人格傾向行使壓力迴路，因此其他人格有必要協助維持健康與良好平衡。

5. 你能否根據一號人格的特質，取個好名？

海倫是我「難搞」的那一面，專長就是搞定待辦事項。幸而有她，我摸透自身起始的疆界，她也是「小我─自我」與身分認同的歸宿。

由於海倫很講究細節，我知道自己是誰，也記得自己的過去，我會從錯誤汲取教訓，還可以找到回家的路。

　　你呢？你覺得要怎樣稱呼自己的一號人格？你最喜歡這部分的自己哪三項特質？

6. 在你人生中，哪些人的一號人格曾經正向或負向影響過你？你的一號人格因此壯大膽識，還是遭到壓制？

　　你應該很快就能說出影響你人生進程的幾位一號人格。我孩提時，我的媽媽吉吉，獲同儕封為「最有一套的女主人」，她像發條裝置一樣準時打理家務，還肩負大學課堂的工作和我父親大約三百個家庭的聚會。吉吉的一號人格比特優還優，實至名歸。

　　童年生活有條不紊，對我確實大有助益，但老實說，我未必真心喜愛。吉吉有個堅持不懈的任務，就是培養孩子具備事事兼優的一號人格，事實證明，這是一場硬仗，因為我父親一丁點一號人格的跡象都沒有。不過，吉吉塑造了強大的一號人格楷模，父親則是混亂的典範，這組合確實有助我珍視母親努力推塞給我的禮物。秩序很美好，也確實有助世界運作得更順暢。

　　我人生中另一位強大的一號人格，是高中進階英文作文課的歐莉兒（Valerie O'Rear）老師，她真讓我戒慎恐懼。但不知怎的，我在她課上表現得比之前或之後任何課都還要優異。歐莉兒目光遠大，考慮周全，舉手投足盡顯專業，對學生展現最好

的一面，也對學生抱有相同期望。儘管她讓我戰戰兢兢，我還是以她為榜樣，從她身上受益匪淺，看看現在的我就好……我出書了呢。儘管歐莉兒在天之靈，可能會哀嘆我分詞後面沒有名詞修飾，一堆句子用介係詞結尾。

此外，我還想得到幾位冷淡的一號人格舊識，他們雖可能賦予我寶貴的人生經驗，但我沒有他們，可能也會過得很好。我初到哈佛時，大多數同事都覺得我活潑和善，中西部人的熱情讓大家耳目一新。但有位一號人格的上司明確表示，我個性太歡樂了，當科學家應該不會太嚴謹。說真的，我之所以如此積極贏得所屬科系最高榮譽的研究競賽，部分原因應該是他那沒什麼建設性的評論，雖然他可能忘記我們這種互動，但我得獎時確實揚揚得意。在此附加說明，一號人格必須意識到，自己的惡意批判可能會對他人帶來負向影響。

你呢？深深影響你人生的一號人格有誰？你的一號人格或其他人格又是如何回應？

7. 你身邊有誰會欣賞、關心、認同你的一號人格，並想與之同遊？你們的相處情況如何？

一號人格平時和職場上都比較喜歡和其他一號人格共處，彼此都關心同類事物，也非常重視志同道合的同儕。同理，我發現海倫很另類，相處的人也都很另類。不過，我有些強大的

一號人格好友都很樂意團隊合作，畢竟，一號人格相知相惜，互敬互重，還有什麼比這種團隊更有生產力？

因此，海倫與我的會計師、銀行專員、行政助理，都很合拍，但我是請海倫替我完成工作，下班後她就靜靜退下，好好休息。假使你的主要人格碰巧是一號人格，你我的生活應該判若雲泥。話雖如此，感謝你推動世界運行。

8. 有誰無法和你的一號人格好好相處？

我父親海爾八十歲時，自己駕駛美麗的馬自達 MX-5 在國內旅行時，不慎翻車。在承受命運之重的這天，我成了他往後十六年的主要照顧者。事故發生前，我倆很幸運，互動再好也不過，是好哥兒們，有很多共通點，主要都是活力充沛、花樣百出的三號人格。但這天起，我倆的關係開始變調，我再也不是女兒、朋友，而是他人生中行使權威的女性，外表像他的母親，說話則像他的前妻（吉吉）。

由於這次事故，我不得不介入海爾的財務、醫療需求、以及所有落在照顧者肩上的任務，我並沒有求取這份工作，但身為家中唯一可擔負責任的孩子，自然得擔起責任。難處在於，雖然海倫挑起所有重擔，保護能力還是不足，常使海爾感到卑微。大致來說，海爾很憤恨自己遭我掌控，不滿我一號人格掌控他的一切，但我只想保證他的安全。我很肯定他並未發覺，

他愈是反抗，海倫就愈強硬，以利維持秩序，所以鬧得我倆很不愉快。

你的一號人格應該也會和誰處得不愉快，家人、朋友、甚至同事都有可能。別人通常很難表達出對我們一號人格行事風格的欽佩，要是有人真的表達感激，應該很新奇吧？我幫助你和真的越線之間，可能確實有細微差別，而最重要的是，記得一號人格基本上只是想要幫上忙。

9. 你的一號人格是哪種家長、伴侶、朋友？

多年前，我替朋友解析她的四大人格，她便發覺自己教養兒女的方式大相逕庭。她在兒子面前是創意蓬勃的三號人格，向來是他的啦啦隊長，兒子提問時，她才會給予建議；在女兒面前卻是一號人格，不但處處給意見，還一直故意唱反調。結果，她和兒子的關係健康自在，與女兒卻關係緊繃，時常劍拔弩張。她一發現這點，立刻改變對女兒的教養模式，要自己的其他人格現身，母女關係很快好轉。

我們審視一號人格時，很容易發現這部分的自己表現得可能有些淡漠、機械化，或是無法表達情感與接受情感，原因是左腦這塊思考區域旨在從無秩序的周遭世界建立秩序，最純粹的一號人格並不是設計來表達情感。如第一部〈大腦導覽〉所述，左腦思考組織（一號人格）構建在左腦情緒組織上方，主

要用來調校與撫平可能忿忿不平的二號人格，因此，一號人格的工作常是教養、提供支持，甚至教訓自己的二號人格。

10. 你的一號人格和其他人格相處情況如何？

我們還沒細細審視二號人格、三號人格、四號人格，現在問這個可能跳太快了，但我想，你應該也差不多看清各人格的輪廓。我深信，我們最該重視的「人際關係」，就是在自己頭腦裡的這四大人格，因此，真的必須考量你的一號人格如何看待其他人格，以及彼此如何互動。

小學低年級的我曾因一身條紋襯衫、格紋長褲被趕回家，顯然其他小女孩的一號人格認為我的搭配很傷眼，老師也因為同學瞧不起我，請我回家換衣服。我的小小三號人格並不知所以然，從我的角度來看，我很高興可以穿著最喜歡的上衣和最喜歡的褲子。我小小的右腦憑直覺運作，哪想得到這樣視覺上會引起混亂，也想不到會成了別人的小小眼中釘。

我上大學時，海倫才全力運作，這合情合理，畢竟我是第一次離家獨立生活，吉吉不再方便替我維持秩序。老實說，如果我不想活得像一坨爛泥，就得為自己出面打理生活。我要承認，是愛上解剖學之後，才自然產生這念頭，學業壓力逼使我維持高度秩序。

　　理論上，我的生活愈井然有序，我愈能學得透澈，愈能獲
得高分。但教我沮喪的是，一號人格突然批評我擊劍和打網球
完全是在浪費時間。海倫很強勢，認定我其他比較優哉游哉的
人格沒有紀律，令人嫌惡。

　　我們的四大人格都有各自重視的獨特時刻，必須學著從容
安排工作與休閒的時間。我知道對許多人來說，取得工作與休
閒的平衡，是挺難跨越的一道障礙。

請回答：認識你的一號人格

1. 你能不能認出自己的一號人格？暫停片刻，想像自己正在建立秩序，負責一號人格的工作。想像自己在辦公、規劃活動或在家中整理物品。

_____

_____

_____

2. 一號人格現身時，你有什麼感覺？你忙著注意細節時，是否感到放鬆或興奮？站姿或聲音會不會有變化？胸部、腸胃、下巴是否感覺收緊？

_____

_____

_____

3. 如果不認識自己這個人格，該怎麼辦？

_____

_____

_____

4. 假設你辨識得了一號人格，你會讓這個人格在生活中運作多
   少時間，在什麼情況下運作？

   _____

   _____

   _____

5. 你能否根據一號人格的特質，取個好名？

   _____

   _____

   _____

6. 在你人生中，哪些人的一號人格曾經正向或負向影響過你？
   你的一號人格因此壯大膽識，還是遭到壓制？

   _____

   _____

   _____

7. 你身邊有誰會欣賞、關心、認同你的一號人格，並想與之同
   遊？你們的相處情況如何？

_____

_____

_____

8. 有誰無法和你的一號人格好好相處？

_____

_____

9. 你的一號人格是哪種家長、伴侶、朋友？

_____

_____

10. 你的一號人格和其他人格相處情況如何？

_____

_____

_____

第五章
二號人格

—— 左腦掌管情緒的區域

中風當天早晨，我左腦一號人格及二號人格的細胞群嚴重受創，完全下線。中風十七天後，外科醫師移除了我腦中那枚高爾夫球大小的血塊。這血塊之前一直壓迫我的左腦組織，使細胞移位，阻斷細胞傳遞訊號。

儘管會算術的一號人格細胞死於創傷，手術後一個月內，一號人格其他許多細胞逐漸復原，開始再度傳遞訊息。我一號人格的所有舊檔案耗費八年才完整重回線上，但以算術而言，雖然我確實重拾了一些技巧，卻再也不會複雜的數學證明及方程式。我左腦二號人格，則如清除了主機板設定一樣，從未復原，是故，中風永久抹除了我左腦舊日的情緒記憶。

如第一部〈大腦導覽〉所述，我們回想起真正曼妙或創傷的過往時，常見思維記憶與情緒記憶互相連結。例如，我四歲時，甘迺迪總統逝世，我記得當時在鄰居家玩，總統遇刺消息一公布，鄰居就把我送回家。我還太小，不懂總統或遇刺是怎麼回事，但步入家門時，那詭異的末日感烙印我心，我不確定以前是否曾見過媽媽哭泣，我也記得自己既困惑又恐懼。

中風前，我回想那天，可以重現認知記憶，混合了那股詭異的末日感；中風後，我的一號人格回憶起那天的思維記憶，二號人格卻沒連結到任何有關情緒的內容。雖然我記得隱約有某種感覺，卻再也不能重新擷取那種感覺了。另一例是我生命中的重要大事：我博士班畢業那天。我記得那天是個無比榮耀的日子，但情緒方面卻宛如真空。

如先前所言（見第 26 頁），人類大腦和其他哺乳動物大腦的主要差別是：我們多了左腦一號人格和右腦四號人格的思考組織，這兩個掌管思考的人格都會上線，直接修改並調校左腦二號人格及右腦三號人格固有的邊緣系統情緒組織。

然而，為了真正釐清人類的情緒人格，我們必須知道這些人格已經演化，以修改並調校「爬蟲類腦」的結構。事實上，哺乳類與爬蟲類在神經解剖學上的差異，僅是多了情緒組織，至於人類和其他哺乳類的差異，僅是多了一號人格與四號人格思考組織的模組。

 ## 我們仍保有爬蟲類腦

我們檢視爬蟲類腦（也就是腦幹）的功能時，會很感激腦幹的高度自動化——幸好我們不需要告訴心臟何時該跳動，面臨危險時，也不必告訴心臟要跳快一點。你想想，要是我們還須有意識的提醒自己呼吸，有多麼累人啊。所有哺乳動物腦袋中承襲而來的爬蟲類腦，擅長處理這類基本活動，另也會調節體溫、維持平衡、驅動交配需求。

從心理學觀點來看，爬蟲類腦關乎生存本能，許多神經迴路有如開關般運作。由於這些功能為生存必備，爬蟲類腦僵固又具強迫性，一旦神經迴路開關打開，要等到滿足或氣力放盡後才會關閉。例如，我得吃夠東西才不會餓，得喝夠水才不會

渴,大腦這區域得告訴我別再喝水,不然我會喝到死。我覺得這種生理機制挺迷人的。

幸好有腦幹,等到我大腦關閉警報反應,灌注讓我昏昏欲睡的神經化學物質後,我才會疲累;我會醒來,是因為有一群神奇的細胞天生就是要來喚醒我,要是這些細胞發生什麼意外而停止運轉,我可能會像昏迷一樣把我的人生睡掉了,因為,呃,我會處在昏迷狀態。

在這種最基本的資訊處理層次上,我會呼吸,是因為我的腦幹有一群細胞命令橫膈肌收縮,經過這種牽引,將空氣吸入肺部。假使這些腦幹細胞遭破壞,除非有呼吸器幫忙,否則我必死無疑。

腦幹會觸發固定行為模式,回應身體接收到的刺激。與此同時,特定的腦幹細胞群會決定我們是受到吸引,還是互相排斥。你還記得上次發現有東西在你身上爬的時候,你做何反應嗎?反射反應是腦幹和脊髓相連的副產物,你會將爬行的蟲子撥走,然後幾乎是同一時間,可能會有一股鄙夷劃過你心頭。這是兩組不同迴路的連環出擊:先是腦幹無意識的自動行為,再來是滲入意識的情緒。

脊髓的結構嚴密,功能類似公路多線道,用於將特定形式的感覺(sensation)向上傳輸到腦幹,並將運動神經活動(motor action)從腦幹向下傳輸。每一線道會將不同形式的感覺,向上傳輸至腦幹,交由這個複雜區域處理。有些獨特的感覺來自

快速傳導的疼痛神經纖維,會傳輸急性疼痛,例如遭到掠食者咬傷。顧名思義,強烈疼痛會以飛快速度,從傷口部位傳輸至腦幹,自動觸發諸多可預測的反應,包括發出聲音(如驚聲尖叫),復加以反擊或推開對方的戰鬥反應。相較之下,慢速傳導的疼痛神經纖維,會傳輸鈍痛或痠痛(如慢性肌肉疼痛)至腦幹,觸發適當的反應,讓你伸展四肢或拿藥來吃。

會思考的感情生物

　　諸多神經科學研究,著重描繪腦幹與高階大腦結構之間的連結,同時,科學界也致力探究:人類腦幹與後來形成的哺乳類邊緣系統情緒組織在接合處如何運作。雖然我們相當清楚許多腦幹細胞群的功能,但由於這區域的神經纖維密度很高,人體受試者的追蹤實驗又有其限度,因此箇中連結尚待確認。

　　目前確知的是,腦幹將整理妥當的資訊,傳輸至二號人格及三號人格情緒組織,經過篩選後,修改並調校該資訊。我們是會思考的感情生物,不是有感情的思考生物,因此,左腦情緒二號人格最終會將他持有的眾多資訊,上傳至左腦思考一號人格,而右腦情緒三號人格會將他的資訊上傳至右腦思考四號人格,接著,這兩個掌管思考的人格開始調節這些掌管情緒的人格,並分享彼此時間模式各異的意識。

　　位在兩個腦半球的邊緣系統情緒組織,都可接收來自腦幹

的直接輸入資訊。然而，儘管左右腦的邊緣系統情緒組織皆從腦幹接收相同資訊，處理方式卻見殊異。簡單來說，我們的腦幹直接向兩側杏仁體的情緒細胞發送資訊。兩個大腦半球各有一個杏仁體，任務是自動依據你的感受來評估威脅程度。

在最基本層次上，杏仁體的工作相當於時時刻刻在提問：「我安全嗎？」此處的安全可能指身體或情緒的安全。二號人格模組的杏仁體組織接收當下時刻的資訊，接著立即拿往日經驗來比較。假設我小時候遭到身形高瘦的惡霸欺凌，他一頭金髮，戴著紅色棒球帽，長大後我再遇到外型類似的人，我左腦二號人格的杏仁體會辨識出這些特徵，並在體內發出警報。

另一方面，右腦杏仁體並不會拿昔日經驗與現在此刻來比較，反而完全集中在此時此地體驗到的豐盛繁複（關於這點，下一章會詳述）。兩個情緒系統同時評估外在的威脅，卻以不同角度分析，我們因此收穫了雙方的優點：有關此時此地的全貌，以及由過往經驗習得的教訓。

我們必須體認到，因為兩個情緒腦評估威脅的方式不同，造就兩種獨特的意識形式，帶來雙重性。右腦掌管情緒的三號人格會持續居於當下時刻的意識領域，並且一直認定自身是直接來自宇宙那廣闊無垠的意識。但是，一旦左腦掌管情緒的二號人格轉移至過往的時間領域，他會將自己定義為三維外在世界裡獨來獨往的孤立個體，不再徘徊於萬物的流動之中。

此後，我們的左右腦將永遠在分離卻互為平行的意識軌道

上演進，以雙重性存在。我們的右腦會演化成「陰」、雌性的家園，化成此時此地宇宙的優美，我們的左腦則將依個體性及過往經驗發展成「陽」、雄性、以自我為中心的特質。

* *

在最基本層次上，

杏仁體的工作相當於時時刻刻在提問：「我安全嗎？」

* *

　　一般而言，刺激會從腦幹流至兩側杏仁體，一旦該刺激的資訊足以讓我們感覺熟悉，我們就會感到安全與平靜。一旦杏仁體感知到威脅，則會觸發危險警報，引來戰鬥、逃跑或裝死反應。由於兩種情緒系統處理資訊的方式及重視的價值，基本上迥異，掌管情緒的二號人格及三號人格也會以不同方式，看待他們視為威脅的事物，並以不同方式自動反應。因此，左右半腦掌管情緒的區域天生各有連線與迴路，這些差異也可能造成內在的情緒衝突。

　　想想看你右腦目前的狀況。抬頭往上看，再環顧四周，接著自問：你在這個空間裡感覺如何？這地方恬適宜人嗎？你會自在、放鬆、且能自我精進嗎？還是你正忙於和啃噬心靈的衝動奮戰，努力清理一片混亂，才能集中精神？

　　我們活在世上，心頭竄起的感覺時時刻刻雙重並進，通常

也會快速往復於兩者。情緒浮上腦際，是因為與過往有關，還是因為對當下產生反應，絲毫不受過往影響？

二號人格：身心健康的關鍵

就生理機制而言，我們的爬蟲類腦處理疼痛、攻擊、愉悅及交配欲望，兩個掌管情緒的左右邊緣系統則致力於自保——兩者皆欲調節身體對情緒刺激的反應，視情況啟動戰鬥、逃跑或裝死等自動反應。我們緊張、害怕或興奮時，邊緣系統情緒組織的細胞會使心跳加速，影響呼吸快慢深淺。

此外，我們完全得依憑邊緣系統情緒組織來建立記憶，確切來說，是仰賴兩個腦半球一邊一個的海馬體。值得注意的是杏仁體和海馬體互相對立，因為杏仁體一響起警報，海馬體就會關機，讓我們忙於處理危機，而無法學習與憶起新資訊。是故，假如孩子在高壓環境裡生活（杏仁體發出警報），掌管學習的大腦依生理機制自動關機，是要怎麼學習新東西呢！

在基本層次上，我們的情緒腦透過焦慮與恐懼，提供大量的資訊給我們，而焦慮與恐懼是在不同迴路上運作，通常由不同類型的事件觸發。恐懼是強烈襲來的情緒，最常在當下時刻（右腦）觸發，回應已知、明確與立即的威脅。

例如我走在林間，差點踩到一條在小徑上爬行的蛇，因為我超怕蛇，恐懼反應就會立即觸發，我會被嚇瘋，豬一般死命

嚎叫，心跳速率每小時來到上百萬公里，我的身子還會向後一彈，任憑血液直衝進我胡亂擺動的四肢，瞳孔放大，驚恐的四處亂望，看看那駭人東西爬去哪。喔喔對了，很不好意思的是我完全忘記自己正在跟朋友講電話，她在電話另一頭大概參與了整齣事件，現在不是在大笑，就是在替我緊張，端看她腦袋現在是哪個人格上工。

我們在當下時刻也會感到焦慮，不過，焦慮通常是由過往（左腦）的經歷或創傷而觸發，或者我們預估未來某時刻所焦慮的事情會發生。焦慮感覺起來像是整個身體都很躁動，伴隨絕望或自我懷疑，因危險、不舒服或難以預料的事件而憂愁、煩躁、不安，感覺身體難以承受，或情緒不堪一擊。再以遇蛇事件為例，一旦造成恐懼的化學物質湧上，隨著血流蔓延全身（九十秒法則），我的焦慮迴路全速運轉，我擔憂會不會又再遇到蛇，而且再用勁也無法甩掉這種危機感。

必須謹記在心的是：雖然我們或許能在神經迴路層次上，訓練理性思考的左腦一號人格，來覆寫自動的恐懼反應，但我們是會思考的感情生物，否認自己的感覺反而可能戕害健康，壓抑情緒可能會讓自己情緒長膿包，刺激左腦壓力反應，讓我們時時緊繃，內心找不到平靜。

理性認知的左腦一號人格珍視自律，自律很美好，不過，我們若訓練自己忽略情緒，罔顧感覺，認為不該有情緒，則恰似堵住的排水管，終究會滲漏。二號人格的痛苦如果未受傾聽

或未受正視，是有辦法化為疾病糾纏不休的。因此，掌管情緒的二號人格，通常是掌管生理與心理健康的關鍵。

二號人格是超級英雄

持續了解二號人格，學習如何透過大腦會議，和其他人格共同滋養此人格，有助我們維持健康。我喜歡把二號人格想成超級英雄，因為他強大到願意擺脫已知，遠離熟悉，遠離他與神、無限存有、宇宙意識（你想怎麼稱呼都可以）的連結，以孤立個體的姿態，存在於全新意識領域。二號人格犧牲自己內心的平靜，以利我們演進。

二號人格的強大意願，存在於我們線性處理資訊能力的核心，我們可將時間暫時分為過去、現在和未來，因此獲得新層次的意識，有能力在外界展現秩序──這也正是一號人格擁有的爐火純青的造詣。不過，當二號人格從當下時刻的寧靜平和跳脫出來，落地時可是直接面對外在現實的所有威脅及怪物，包括那些潛伏在意識中令人不快的死亡、疼痛或罹病，可能下一分鐘就成了真實。

正是這個大膽無畏的二號人格正視最深層的恐懼，以他所知的唯一方式發出警報，用哀號、牢騷、矇騙、詭計、自厭、嫉妒、憤怒、愧疚、羞恥等百萬種反社會的方式，勾起我們注意。左右腦掌管情緒的二號人格及三號人格，在任何年紀都會

大爆炸，因為我們情緒系統的細胞網路永遠不會成熟。

此外，我們情緒腦的細胞群在我們出生時即已就位，穩妥的掛進迴路之中。因此，我們天生的設定就是一進入外界，即可用情緒表達自己。思考腦的細胞群則非如此。雖然在我們出生時，掌管思考的一號人格及四號人格的細胞群已移至六層新皮質的位置，這些細胞之間須耗費多年，才能互相連結。這就是為什麼我們必須刻意早點讓兒童接觸豐富多元的環境，目的就是刺激兒童的大腦發展。

* *

當二號人格從當下時刻的寧靜平和跳脫出來，

落地時是直接面對外在現實的所有威脅及怪物。

* *

二號人格的主要工作是過濾立即危險，同時協助我們集中注意力。這些細胞的作用是對照比較，再推促我們往想做的事情去，帶我們遠離我們不想要的事情。在細胞層次上，人腦的力量在於得以抑制自動化的迴路，辨明希望哪些迴路運轉，哪些視為干擾。

假設我們大腦內有一百萬種想法及情緒在蹦蹦跳跳，來來回回，二號人格能抑制並憑本能阻絕資訊，自動限縮我們的注意力。二號人格基本上是無法滿足的，他具備推開人事物和予

以拒絕的本能與能力，還斷開了與極樂宇宙意識的連結，環環相扣之下，最終我們得到的就是「唉唷喂呀」[25] 的預設值。二號人格選擇活在外界假象中，失去永恆連結，而我們許多人將運用人生餘下的時間，重新發掘那種享有永恆連結的感受。

為了擁有得以注意外界事物的意識，其中一項犧牲是得和疑心病重、處處不滿的二號人格共同生活。但話又說回來，我們最深切、最深刻的情緒也是來自二號人格，像是：我們有能力感到排山倒海而來的寂寞，澈底任悲慟包夾，還能付出遠超乎我們得以想像的愛；當我們受傷、厭惡，或是澈底由嫉妒或暴怒操控，這些情緒經驗來得強勁又值得玩味。

🧠 左腦快樂，右腦喜悅

我常說，苦不苦不是重點，重點是記得享受其中。大腦製造苦痛經驗的能力根本堪稱藝術。我們都會受傷，而這種體驗真正苦痛的情緒能力，正是活著的美妙之處。我們若耗費太多時間行使苦痛迴路，以為這是我們面對的真相，沒意識到只是一群細胞使迴路運作，這樣的話，麻煩可就大了。我感覺得到痛，但我並非痛本身。

如山高的神經科學研究證實，左腦是我們快樂的來源。我完全同意這點，但我要特別指出的是，快樂與喜悅並不相同。儘管快樂和喜悅都是正向情緒，但在心理學層面及神經解剖學

層面不盡相同。許多人已發覺，喜悅是發自內心，我們全心接
納了自己這個人、為何在這世上、如何成就現在的自己，才會
感到喜悅，但快樂來自外在人事地物及思維。由於快樂與否取
決於外在情況，左腦二號人格是那種快樂或不快樂的天生內建
迴路，真正的喜悅則來自右腦的三號人格，下一章將詳述。

對我們許多人來說，二號人格受到負向觸發時，由於這是
構成壓力迴路的一部分，我們大多會感覺到有一道焦慮、恐懼
或痛苦迎頭劈來。二號人格傾向躍入我們的意識，且幾乎可說
是狂暴的接管，我們無法控制，也無法選擇運作時機，一旦他
暴風雨似的臨至心靈，要和其他人格互動就得事先規劃，此時
顯然是四大人格召開大腦會議的最佳時機。學習如何讓二號人
格獲得支持並立即受控，是成功管理情緒反應的關鍵。

有誰沒偷偷想過，要是可以直接把二號人格從大腦摘除，
該有多好啊，這樣就能擺脫來自過往的痛苦了。有誰未曾尋求
專業人士的治療或指引，幫助自己解決問題、管理問題，或是
運用心理分析，探討我們為什麼是這樣子的人，為什麼會有這
種感覺？以及，最重要的是，我們或可做些什麼，來讓二號人
格療癒？那個值十億元、又有市值數十億元產業支持的問題[26]
是：我們發覺自己轉移到二號人格的情緒反應時，可以運用什
麼策略來拯救自己？

我的左腦二號人格原本將我定錨在情緒層次的外在世界，
但在中風後缺席了，我的「小我—自我」消失了，我身分認同

的所有個人內容也隨之匿跡。因此，我不再是與宇宙流分離的個體，對自己的人生也一無所知。

耐人尋味的是，我母親吉吉甚至喪失了「母親力」，因為我並不知道她是誰，也不曉得母親是什麼。我的世界已不存在語言，無法標記外界任何事物或任何事物的個體化，抽象思考已是不可能的任務。任誰都會認為，我成了困在女子身軀裡的嬰兒。

腦部手術後，我確實重拾體驗新情緒的能力，但必須從頭學習如何標記我正在體驗的感覺。我記得怎麼一點一滴描述胸痛：心臟高速蹦跳，下巴痙攣，頸部後方毛髮扎得我好痛，雙手緊握成拳，汗如雨下，覺得自己猶如踱步的野生動物，我還想來場大戰，狠咬一通，全面攻擊。我母親把這一連串事件標記為生氣，自此之後，我的生氣迴路一經觸發，我立刻偵測得到。

生氣迴路在我體內運作時，感覺起來激烈暴力，一點都不健康，我再怎麼認真也想不透，為何有人老是開啟生氣迴路，還讓這特定神經迴路持續運轉。我注意到觸發迴路開關的徵兆後，便意識到我有控制這個迴路的力量，得以在迴路爆發之前將其關閉。

隨著時間推移，我的二號人格逐漸復原，我還進一步體認到，生氣迴路一經觸發，從開始運作到完全消散，所需時間根本不到九十秒。

許多負向情緒源自二號人格

我陳述左腦掌管情緒的二號人格時，若你熟悉榮格的「陰影」原型，應該會發現許多相似之處。陰影通常是人格中未知難明的黑暗面，二號人格則通常是我們左腦無意識區域中最不堪回味或傷痛最深的部分；最糟糕的是，大腦這一區域會對外界展現情緒反應，且不替行為負責，由於遭到昔日傷痛蒙蔽，傾向不顧一切犧牲未來。

若你很熟悉英國發展心理學家鮑比（John Bowlby）的依附理論（Attachment Theory），知道依附理論闡釋了兒童與主要照顧者分離時的焦慮和痛苦反應，便應該會注意到，許多負向情緒源自二號人格。當然，我們所有人都具備獨特的正負向情緒迴路，這些迴路運作的頻繁程度不但受到先天因素的影響，也受到後天因素的影響。

我的二號人格從我大腦消失時，我感覺到一股浩浩湯湯的寬心及平靜湧上。我小小的二號人格，體現的是此生以來的情緒煎熬，她遭到中風扼殺，對我來說是大大的福氣。但當然，我後來無福消受，畢竟還是重拾了感知情緒的能力，而且經證實，新版二號人格就和以前一樣，侮慢無禮。不過，從大方向來看，幸好我又能體驗情緒，情緒不僅為生命增加深度，亦拓寬個人成長的邊界。

在任何人眼中，我有一堆理由，對中風後的情況不滿或絕

望，但其實，我的右腦只有感激，因為我還活著，雖然我整個人從哈佛的階梯上墜落，拜別我專業生活的巔峰，但我並不覺得羞恥或難為情。此外，由於只有右腦意識運作，我無法理解自厭、愧疚或孤獨的概念。我一點也不沮喪，因為我那天並未死去，代表我還有機會活第二次。

 ## 二號人格需要彼此關愛

我替二號人格取名為「愛彼」。[27] 我最初的童年創傷，大概是源自一種遭遺棄的感覺，但這感覺僅是因為出生時，立即和母親的子宮分離——無論大家將這幅景象描繪得多浪漫，但生理上，我就是原本處在溫暖的液態環境，感官本就無法觸及聲音、光線和觸覺。出生時從自覺是母親可愛心跳的一部分，到飛快離開這環境，衝進這個充滿試探和刺激、感官超載的冰冷世界，自動改變了我存在的狀態，整個靈魂都在哀鳴。愛彼寶寶，歡迎來到這個世界！

二號人格愛彼為了保護我們，會藉由情緒篩選所有經驗，分辨讓我們疼痛、危險、受虐待或覺得糟糕的人事物，因此，她很悲觀，看到玻璃杯裝了半杯水，鐵定會認定為半空，而非半滿。此外，二號人格老是認為什麼都很缺，錢、愛、物品、食物，樣樣不夠大家用。是故，腦部這區域意欲確保自己獲得合理等分，而就是這種褊狹思維，二號人格會永不知足、貪得

無厭而需索無度。二號人格會快樂，但這種快樂是依據外在條件，就如其他所有情緒一樣轉瞬即逝。

二號人格常會變得尖酸刻薄，對任何糟蹋自己的人懷恨在心，為了保護自己不再受傷，還開始隱藏自己，武裝防衛，更特別擅長策劃報復行動或企圖汙衊別人，因自我誘發孤立感，可能會禁錮在自認為充斥威脅的世界，惶惶不安，悽悽慘慘。這些情況發生時，我們必須提醒自己，這是一群犧牲了我們與宇宙流連結的細胞，我們可以趁二號人格還不需要向外界噴發恐懼、或內爆而使我們生病之前，好好理解愛彼的固有價值，助愛彼療癒。

我知道，我的愛彼在我感到不受賞識、遭輕視、不為人需要、自己一文不值的時候，就會火力全開；我也知道，每次我覺得受壓迫、委屈，或是稍微羨慕別人時，就會陷進二號人格裡。如果愛彼壓力破表，準備如壓力鍋般爆開，場面絕對不好看，我可能會變得不耐煩、愛爭辯。可以想見，愛彼不悅時，她也不想讓你好過。

如果有人表現可惡又惡霸，想報復、好鬥、酸溜溜自以為幽默、明顯想挑釁；你會知道，自己正在跟那人的二號人格應對。二號人格可能自私、自溺、自以為是、自我推銷，甚至會以情感操弄別人，用來形容的詞彙包括自戀、自大、自負、自傲、自滿、以自我為中心。事情進展若不順利，大腦這區域會橫加指責，胡亂血口噴人，一報還一報，絕不善罷甘休，嚴加

批評，容不下族裔差異或宗教信仰差異，可能惡毒卑鄙，甚至殘忍無情，更不妙的是，根本沒有能力負責。二號人格對你的愛並非無條件——只要你順愛彼的意，讓愛彼聽到她想聽的，任愛彼控制你，滿足她的需求，她才會愛你。愛彼還以為自己高人一等，所以往往蔑視權威，可能表現得高於法律。

談及誠實，二號人格並不是我們最高尚的自我。愛彼的欺騙手段繁複又高明，絕對會當著你的面撒謊，偷走你的一切。你可能想像得到，愛彼參與競爭時，會作弊欺瞞，不擇手段。愛彼還精通卸責的藝術，別人會認為愛彼不成熟、幼稚、不誠實、太粗俗。

然而，不論所有這些負向特質，請務必記住，愛彼的這些行為，核心全是痛苦與焦慮。如前所述，我們來到這世上，都沒拿到正確通關的行為指南，而如果要療癒這部分的自己，我們必須注意到二號人格何時現身，無論她怎樣，都要愛她，還得請其他人格出面諦聽二號人格的心聲，讓二號人格知道，她值得這一切，她很安全，好好放心吧。

這正是四大人格集結起來的力量，也是大腦會議的宗旨。若大家都尊重二號人格，視她為全腦的珍貴一份子，二號人格會感覺受到支持，她的情緒反應也可透過大腦會議，找到緩和方法。此外，光是知道所有這些熱烈情緒都是訊息在神經迴路中運轉，我們就能制定策略，有意識的選擇遠離痛苦，驅散那些負向情緒。

二號人格的職場作風

上一章探究了一號人格在不同情境的表現，現在，我們也來和二號人格身歷相同情境吧。

不管二號人格是員工或主管，習性通常都可預期。首先，二號人格本性就是不信任其他人的動機，身為主管的他們不會信任員工的動機，身為員工的他們也不會信任主管的動機。因此，二號人格主管會以鐵腕治理，要求苛刻，勒逼脅迫，強制定立期限。

這樣聽起來和強硬派一號人格職場主管有些類似，但差別在於，強硬派一號人格會以「若失敗，天就會塌下來」的姿態領導，但二號人格主管的天，可是真的無時無刻不在崩塌：現在就這樣做，不然我們都死定了，你沒死的話，事情解決後，你也會被我弄得很慘。強硬派一號人格主管若有壓力，或被外力逼到絕境，是有能力陷入二號人格的霸凌心態；面對任何事物，若他們無法控制，不管是比賽還是外部審計，可能都會迫使他們投入二號人格「大發脾氣」的領導風格。

在壓力下，溫和派一號人格主管可能會轉成強硬派一號人格，最糟糕的情況下，更可能變成二號人格。企業界的二號人格往往看起來神情有些緊繃、外表邋遢，好似是衣服穿人。

二號人格員工可能會過於死板，儘管顯然在適度範圍內改變規則，即可找到簡單解方，但他們仍會因循守舊，揮霍自己

的權力;即使情勢很明顯,只要做出理性決策就好,不理性就等著失敗,他們也可能拒絕,而把事情搞砸;就算現在是非常時期,打破規則才好,他們也不願意變通。此外,二號人格員工往往會覺得大家都在針對自己,任何有建設性的批評,在他們耳裡可能成了謾罵,洩掉他們對別人可能抱持的善意。

二號人格主管的決策,通常短視近利,若不盡早修正,長期執行的專案可能會脫軌。二號人格員工無法一次處理多項任務,必定會當機、過載,不知所措。雖然二號人格也許堪稱完美主義者,但會跳過一些步驟,只為趕上進度或做完工作。

二號人格也可能會漠視現實,不誠實正視,思維短淺,若因略過專案初期一些步驟而嘗到苦果,可能更深陷恐懼,無法繼續推進。二號人格員工可能會和二號人格主管一起迴避真相,就和他努力躲開自己的現實一樣,自己才不會顯得那麼脆弱不堪。

🧠 二號人格的海灘時光

二號人格挺擔心到處都進了沙子:毛巾上有,腳趾間有,泳衣裡有,頭髮上怎麼也有。還有,水裡有什麼我看不見的東西是嗎?這東西會傷我、咬我、刺我嗎?這裡好可怕,鹹味好重,好多蟲,我好沒安全感,坐也不是,站也不是。

二號人格的想像力帶他們進入最恐怖的海灘故事之中,他

們還把這些故事當成現實中可能發生的事。大白鯊，有人看到嗎？二號人格會聞到飄著腐爛氣味的海藻，不小心看到那些沒公德心的人留下的醜陋垃圾。海邊貝殼不夠多，不夠美觀，破碎的貝殼很尖銳，很刺腳。一堆雜事令人心慌意亂，從耳朵挑出沙子的時候，還要注意手錶。

二號人格在未知情境下無法放鬆，因此加把勁，減去無法控制的變數。準備海灘用品時，一面顧慮下雨，一面憂心晒到融化。我搶得到好位置嗎？隔壁那人的音樂太吵了吧，那雪茄的味道，我要吐了！好怕泳衣穿起來很難看，風會不會太大，會不會根本沒什麼微風，太陽那麼毒辣，我會熱死吧。那群屁孩是在尖叫什麼啦，我聽不見海浪聲了。汗水扎著眼睛，死魚發臭，蒼蠅嗡嗡飛，海水都是泡沫，太噁心了！這裡真的無聊得要死，而且今天很可能看不到海豚，我們什麼時候回家？

二號人格行事盡量低調，不想引起注意，衣著顏色死氣沉沉，包得緊緊，甚至有點邋遢，無時無刻不緊張兮兮，沒有自在舒服的時候，一直忐忑的擺弄自己的東西。他們偏好觀察，不愛實際參與活動，排球場上應該沒有二號人格，舞池裡應該也沒有他們擺動身子。他們確實喜歡觀察別人，樂於嘲弄或挑剔他人。由於獨樂樂不如眾樂樂，見不得人好的他們，可能只會邀請其他二號人格同樂。

二號人格雖然忿忿不滿，卻幾乎沒有自覺，心中飽嘗痛苦恐懼，除了明顯是非分明的解方，很難想出其他解除壓力源的

方式。二號人格全速運轉時,神經迴路足以稱霸其他人格的迴路,讓其他人格感到疏離與孤獨。二號人格沒覺察到其他人格可能伸出哪種援手,因此不會向內求解,只顧對外求援,依賴別人來拯救自己。

二號人格會擔憂、埋怨、批判,甚至自我貶低,但是完全沒有自覺,不曉得自己把急躁潑灑到別人身上。這樣當然可能會造成問題;儘管他們可能會吸引其他二號人格,我們其他人可能會敬謝不敏,不想再邀請二號人格過來。可悲的是,我們的拒絕只會加劇二號人格的負向心態,只會讓他們發現更多跡象,讓他們愈來愈負向。

 二號人格速寫

氣憤咒罵:如果我發怒,亂罵一通,代表二號人格已占據大腦,已經失控。我最好按下暫停鍵,給自己九十秒,好好開個大腦會議。

欺瞞矇騙:左腦二號人格決定說謊時,會叫右腦不要在聲調或表情上露出馬腳;右腦可能會聽話,也可能破綻百出。

愧疚汗顏:我沒寄出慰問卡,好愧疚,沒協助瘦小的老婦人過馬路,好愧疚,此時正是二號人格上線。

羞恥內化：我若覺得自己不夠好，覺得自己不值得人愛，代表二號人格正在主導。切記切記，大腦會議召開與否，只在一念之間。

有條件的愛：別人做出我希望他們做的事時，我才會大方釋出愛，這就是二號人格所謂有條件的愛。

負向的自我批判：內心若有一股聲音說道，我們不值得百分之百的喜悅，不該享受生命捎來的一切美好，此時，正是二號人格在作祟。這股聲音可能真的很刻薄，會對我們放送一些自己做過的丟臉事，通常也最大鳴大放，聲量輾壓其他聲音。

焦慮不安：當我對未來可能發生的事充滿恐懼、憂慮，是打從心裡發毛。

愛發牢騷：喔拜託，我可愛的二號人格，別再發牢騷了。開個愛的大腦會議，還是來個愛的抱抱？

以自我為中心：對我的二號人格來說，我們是宇宙中心，我們本身最重要，因此我們的需求最重要。（看來只有你還不知道？）

都是別人的錯：我不開心、我破產、我失業……都是你的錯，都是你們的錯。

認識你的二號人格

上一章認識了一號人格，現在也來認識二號人格吧。

一樣，如果你想先跳過這些問答，就先繼續往下讀，以你方便為主。

1. 你能不能認出自己的二號人格？暫停片刻，想像自己正在做出二號人格會有的行為。想像自己挾帶怨恨或嫉妒之情，或是任何你自己會有的情緒問題。許多不同情緒其實是以憤怒之名掩飾，你有沒有安撫二號人格迴路的應變措施，還是就任憑二號人格冷酷無情的，滲入你的生活？

我對我的小愛彼了解甚深。她不會經常帶著敵意現身，畢竟我還有很多其他人格設置的路障來保護我。不過，要是你一心找死，她終究會殺紅了眼，衝出來狠咬你喔。面對疼痛，憤怒是其中一種活力旺盛的反應，而疼痛可能有許多潛在來源。愛彼來自我的往昔傷痛，所以，若我的愛人已不在我伸手可抱的空間，有時我會選擇好好感受那種深深的悲慟，否則，愛彼可能會再播放一次故事，順著習慣走，再經歷一場炮火。愛彼並不難懂，雖複雜多端，亦可預料，真的就是自己可愛又脆弱的一面。你也會感覺到這種脆弱嗎？

2. 二號人格現身時，你有什麼感覺？你經常憤怒、焦慮或恐慌
   嗎？二號人格上線時，你會如何維持姿態或改變聲音？情緒
   低落時，有什麼感覺？

　　愛彼一主宰我的意識，我立刻就有感覺。她出面保護我的
時候，往往大聲嚷嚷，聲音有股強力振動，身體會共振，她若
感覺遭到威脅，就會釋放強烈的焦慮，暴風雨似的襲捲我的身
體，我會胸口緊縮，呼吸變淺，提高警覺，迅速移動，有如隱
匿行蹤逡巡的動物，整個人會迸發出明顯的不適。

　　愛彼顯然如同天真的兒童，受了傷，卻拿反社會工具來保
護自己（以及保護我的其他部分）。我漸漸學會，一發現愛彼躍
入意識，就得立刻召開大腦會議，處理愛彼的需求。愛彼能藉
此找到安全感，覺得有人聽見她的需求，覺得受重視而獲得撫
慰，可以逐漸冷靜下來。大腦會議對我確實能發揮效用。

3. 前文提過，二號人格反映榮格原型中的「陰影」，意指腦部
   最原始的部分。二號人格是大腦的無意識區域之一，有意識
   的一號人格可能不知道這區域，或直接予以拒斥。若你傾向
   包藏情緒，可能根本認不出二號人格。

　　一般而言，我們大多數人都能輕易認出自己的這部分，也
能輕易認出其他人的這部分，但若你無法認出，可以和身邊的

人談談，看看他們是不是觀察到什麼。二號人格是我們一些人的主要性格，我們常常擔心這個擔心那個，抱怨東抱怨西，感覺這個世界爾虞我詐。假若二號人格真的是主導你的人格，你又想體驗更多喜悅，應該可以試著了解其他人格，並為他們騰出空間。因此，訓練你的四大人格參與大腦會議，將有助各人格感覺自己在團隊中占有一席之地。

要是你真的認不出自己的二號人格，請想想，你是不是曾經在什麼時候，感覺自己是受害者？是不是曾經因為需求滿足不了，而感覺無助？還請想想，有誰能把自己最好和最壞的一面引出來？有誰和你爭吵過？是不是有哪個惡人故意讓你感覺自己很糟糕？有人不舒服時，你是不是還想落井下石？有沒有人一直對你挑釁？你對政治失望嗎？對來自世界其他地區的人沒安全感？老是憂心忡忡？

二號人格本性就是對與自己相異的人抱持偏見，與以相同方式思考和感覺的人共處，與是非判定標準相似的人合作，為同一支球隊歡呼，捐錢給同一間非營利組織，投票給同一位領袖，和這些人組成團隊，就會感覺安全。對二號人格而言，熟悉感會帶來安全感。

二號人格也是一種豐盛，集結了最深邃與最美麗的苦痛；是對獲得愛的渴望，是悲慟與哀傷的深度。二號人格展現了正負向情緒的全音域，我們多麼幸運，才能坐擁這種能力，生命方可細膩豐足。

　　我們愈能覺察到二號人格的存在，愈了解二號人格在這世上的賣弄表現，其他人格就愈容易妥善處理二號人格的需求。大多數人應該都想知道，我們要如何諦聽與滿足二號人格，才能早早避免他斲削人際關係、瓦解內心深層的喜悅。二號人格會剎時猛力爆衝直上我們的人生舞臺，此時的我們腸胃揪緊，皺眉蹙額，身體姿勢僵硬，聲音會帶挑釁。二號人格可能大膽又大聲，小氣又尖銳，也可能自厭、沉默、笨拙、可憐兮兮、以被動方式攻擊，或者介於上述任何舉止之間。

　　無論你在左側情緒腦可能發現哪種模樣的二號人格，這部分的你代表的是引領個人成長的龍頭。若想與自己內心和平共處，與他人合作無間，就必須好好駕馭你與二號人格的關係。召集四大人格來開大腦會議，是我摸索而得的最佳處方，得以讓二號人格時時體驗愛，維持自己內心深處的平靜。

4. 假使你認得出二號人格，你重視這個二號人格嗎，還是很害
　 怕？你會讓二號人格在生活中運作多少時間，在什麼情況下
　 運作？

　　我已學會珍惜二號人格，將二號人格視為我內心的警報。二號人格有助加深我的情緒深度，提升成長潛力。然而，每次大腦這區域失控，表示我有什麼事讓我內心深處沒安全感。我願意深入探查這種反應的核心，進一步協助我了解自己的焦慮

和弱點。幸好,其他人格知道如何自行撫慰我的小愛彼,尤其是愛彼因飢餓、疲倦、血糖降低而現身的時候,其他人格熟悉如何應對。唯有四大人格召開大腦會議,才是包容自己的不二法門。

5. 你能否根據二號人格的特質,取個好名?

我取名為愛彼。如前所述,我深信原始創傷應該是源自離開母親子宮後,勢必有的那種遭遺棄的感覺。我們都是個體,在形體上與萬物分離,因此能感受到強烈的孤獨與孤立。我們的邊緣系統情緒組織和迴路不再完全相連,又能感受到深長的悲慟與痛處,生命因此豐厚,因此掙扎。請好好找個蘊含深意的名字,為你的二號人格取個好名。

6. 在你人生中,哪些人的二號人格曾經正向或負向影響過你? 你是因此壯大膽識,還是遭到壓制?

毫無疑問,和我關係最密切、相處最久的二號人格是我哥哥,他後來診斷為思覺失調症。雖然我倆在青少年時期關係動盪,但身為年輕成年人的我,有意識的將憤怒與痛苦引流,改道為精神疾病發聲。我和哥哥的二號人格親密相處,雖然後來遭逢變故,情感上失去親愛的大哥,必須應付這險惡的疾病,

卻也因此大大激勵了我，只希冀能找到方法，為精神病人盡棉
薄之力。儘管煞費苦心才習得這些教訓，但要不是哥哥的事和
他的二號人格，我不會長成今日的我。

7. 你身邊有誰會欣賞、關心、認同你的二號人格，並想與之同
　遊？你們的相處情況如何？

　　愛彼象徵了我童年的苦痛，有時候她喜歡和其他二號人格
一起唉聲嘆氣，叫苦連天。通常是吃一頓披薩的時間。我母親
吉吉對小愛彼的愛無人能及，吉吉知曉能讓我捧腹大笑的魔法
配方，馬上就能撫平愛彼的躁動。吉吉和我都經歷我哥哥大腦
生病確診，一起在醫院、監獄進進出出。我倆深沉哀苦時，亟
需撫慰時，絕望心死時，總是互相提攜扶持。

　　與吉吉共進退的這段歷程，我發覺每次我的小愛彼呼叫吉
吉，吉吉就會立即轉移至四號人格，側耳靜聽我的心聲，給予
支持，細心呵護。接著，吉吉會閒聊一些荒唐事，澈底把我逗
笑，喚出我的三號人格。我看著吉吉和愛彼相處融洽，也學到
如何發揮我自己四號人格及其他人格的能力，有效舒緩二號人
格的痛苦。我媽媽多年前去世，自此我就開始改善召開大腦會
議的最佳流程，以便我一感覺到需要，就能立即找到支持、找
到戰友、找到平靜；除非，我就是想吃披薩。

　　綜觀我的人生，我很幸運能有一群交往密切的朋友，他們

不吝給予愛，不吝原諒，要是我的愛彼真的蹦出來，一副蠻橫模樣，或是感覺到威脅，他們知道怎麼包容陪伴我。最近有一天，我和朋友講電話聊天，她直接問我是不是不開心，我這才意識到愛彼在線上，馬上切換到海倫。了解如何以安全和善意的方式扶持彼此的二號人格，正是在需要時給予彼此的無價餽贈。學習如何以溫和的語調，鼓勵彼此召開大腦會議，正是我們可以與所愛之人分享的美好語言。

8. 有誰無法和你的二號人格好好相處？

兩個二號人格的爭執，絕對沒有落幕的一天。這句話真該印成海報，每家每戶、每間辦公室都貼上，而且必須在社群媒體上爆紅廣傳。下次你想和誰爭鬥，或別人想和你爭鬥，請考慮一下這件事實。若你無法同意，打算展開攻訐，請注意對方是以哪個人格出征，再注意你的二號人格如何用力破壞對方的心情（也許根本破壞了整段關係）。

為了解決兩個二號人格之間任何衝突，為了能讓傷口癒合或達成協議，其中一方必須願意登出二號人格。大家爭執時，觀察彼此的動態，著實值得玩味。一旦你注意到這種情況，學著管理自己二號人格的反應，你與他人的溝通肯定更順心。

9. 你的二號人格是哪種家長、伴侶、朋友？

小愛彼還是個孩子，而無論是誰，若由滿身傷痕的二號人格養育，由不滿、憤怒、幼稚澆灌，人際連結就不可能健康發展。若你持續讓二號人格掌權，還當成伴侶，你本來就會深陷痛苦煎熬的迴路，對伴侶的愛也不是無條件，因此，你的伴侶可能會斷開連結，或是情感耗竭。

友誼也是一樣，如果你老是讓二號人格加入對話，無論體現的是深沉的痛、還是敵意滿滿，你可能都得好好揣摩與朋友的互動方式。無論是受傷、爭吵、怨恨、指責、需索、批評，我們的二號人格承受得最重，表現得最強烈。若你認為自己在人際關係中遭到忽略，或感覺自己的需求並未得到滿足，即可考慮召集四大人格，開起大腦會議，認真反思、度量哪些人格可能出面撫慰你，又該如何撫平你的情緒。

10. 一樣，我可不想跳太快，但你必須思索：你的二號人格和其他人格相處的情況如何？你的二號人格會尊重並珍視你的其他人格嗎？還是比較喜歡反對、仇視其他人格？

我與我的四大人格合作多年，協助他們發揮獨有技能，各自與愛彼培養健康關係。因為我時常有效練習大腦會議，愛彼

也知道需要時，可以仰賴這些關係 —— 我希望愛彼真正需要幫助時，早已深諳她可以仰賴這些穩定可靠的關係。

你的例行程序可能和我些許不同，但如果你願意召開大腦會議，最終結果是一樣的，你會心平氣和，完滿結束會議。以我的例子來說，小愛彼焦躁不安時，海倫會跳進來，確保她安全，要是問題就在眼前，海倫也會當機立斷，擔起責任，解決問題。

我的四號人格也會以她的愛包覆愛彼，因為我的其他人格都知道愛彼只是個驚慌失措的小女孩，正在經歷痛苦摧殘。四號人格會同理聆聽愛彼的心聲，全力支持，讓愛彼知道她既受重視，也擁有來自四面八方的愛。然而，或許最重要的是，四號人格清楚表明，愛彼並不是孤單一人，我的其他人格都在這裡挺她，還會陪伴她度過深不見底的時刻。愛彼知道有四號人格支持自己、穩住自己、細聽自己，還有一號人格幫忙處理問題，她就會稍微冷靜。

此時，我的三號人格可以上線，邀請愛彼走出泥淖，來點樂子。三號人格精力豐沛、新意十足、機智靈巧，她會帶愛彼逃脫苦海，進入三號人格的世界，通常效果都還不錯。

不消多時，就連最深刻的創傷，我們的四大人格也能處理了，大腦會議能使我們活出美滿人生。

請回答：認識你的二號人格

1. 你能不能認出自己的二號人格？暫停片刻，想像自己正在做
   出二號人格會有的行為。想像自己挾帶怨恨或嫉妒之情，或
   是任何你自己會有的情緒問題。許多不同情緒其實是以憤怒
   之名掩飾，你有沒有安撫二號人格迴路的應變措施，還是就
   任憑二號人格冷酷無情的，滲入你的生活？

   _____

   _____

   _____

2. 二號人格現身時，你有什麼感覺？你經常憤怒、焦慮或恐慌
   嗎？二號人格上線時，你會如何維持姿態或改變聲音？情緒
   低落時，有什麼感覺？

   _____

   _____

   _____

3. 前文提過，二號人格反映榮格原型中的「陰影」，意指腦部
   最原始的部分。二號人格是大腦的無意識區域之一，有意識
   的一號人格可能不知道這區域，或直接予以拒斥。若你傾向
   包藏情緒，可能根本認不出二號人格。

   _____

   _____

   _____

4. 假使你認得出二號人格，你重視這個二號人格嗎，還是很害
   怕？你會讓二號人格在生活中運作多少時間，在什麼情況下
   運作？

   _____

   _____

   _____

5. 你能否根據二號人格的特質，取個好名？

   _____

   _____

   _____

6. 在你人生中，哪些人的二號人格曾經正向或負向影響過你？
   你是因此壯大膽識，還是遭到壓制？

   _____

   _____

   _____

7. 你身邊有誰會欣賞、關心、認同你的二號人格，並想與之同
   遊？你們的相處情況如何？

   _____

   _____

   _____

8. 有誰無法和你的二號人格好好相處？

   _____

   _____

   _____

9. 你的二號人格是哪種家長、伴侶、朋友？

_____

_____

_____

10. 一樣，我可不想跳太快，但你必須思索：你的二號人格和
　　其他人格相處的情況如何？你的二號人格會尊重並珍視你
　　的其他人格嗎？還是比較喜歡反對、仇視其他人格？

_____

_____

_____

第六章
三號人格

—— 右腦掌管情緒的區域

上一章探討了左腦掌管情緒的二號人格，了解大腦最深處這個決定安全程度的區域。二號人格會叫出當下時刻的資訊，接著拿該刺激與過往的威脅來比較；這章要探討的右腦三號人格，則是完全依據此時此地正在處理的資訊，評估當下時刻的威脅，因此，三號人格具備的威脅處理技能，可說是既關鍵又獨特。三號人格認為萬物互相連結，全存在於宇宙流之中，無論那些威脅與我們身旁的人或環境有沒有關聯，三號人格都能辨明危險，宛如俯瞰全貌的鳥。

三號人格評估我們在他人面前是否安全時，堪稱精密設計的真實性偵測器。三號人格會讀取肢體語言，與面部表情做比對，並且判讀聲音及語調變化的情緒線索，若可拼湊為正常圖像，我們就會認定對方行為真實無虞；若對方以口語表達了他的愛，身體卻未呈現開放接納的姿態，圖像便無法正常拼湊，我們就會質疑對方所做所言是否真誠。

不管原因為何，有些人精通騙術，有意操弄別人對自己的觀感，在別人右腦雷達偵測範圍以外悠哉遨遊。要訓練自己欺騙別人，並不無可能，但要成為王牌大騙子，左腦得招募右腦入夥，騙術才可能出神入化。我們的右腦負責維持身體姿勢，聲音表現正常，注意嘴巴或眼神不會出賣自己。右腦如因故不和左腦狼狽為奸，就等著被抓包，承擔後果吧。

右腦三號人格負責判斷我們所處環境中的整體安全程度，判定標準是我們對環境熟不熟悉。三號人格持續分析我們所處

環境的全貌，無時無刻不在規劃我們遭圍剿時應逃脫的路線。不過，三號人格很可能是退至我們覺知的背景中默默評估，這就給了機會讓左腦一號人格介入，無視右腦三號人格的自我防衛敏感度，這情形屢見不鮮。儘管右腦三號人格可能會發出危險警報，若我們選擇聆聽左腦一號人格聲量較大的理性說法，我們可能會糊里糊塗的踏進泥淖之中。貝克（Gavin de Becker）的《求生之書》對此議題的說明鞭辟入裡，值得一讀。

美妙的當下時分

從知覺的角度而言，中風抹去我左腦細胞時，我整個世界變得亂七八糟，左腦技能無法與右腦經驗抗衡，我再也無法辨識身體疆界，不曉得自己起始與結束的分野。

由於組成我自己的原子及分子，與組成周遭物體的原子及分子之間沒有分隔，全都攪和混雜，我不再感知自己為個體，不再感知自己是固體，而只是流體，存在於持續動態變化的狀態。沒了疆界，我切切實實是：無邊無際。我感知到自己自由流動，如宇宙一般寬廣。

想想這對你可能代表什麼意義。儘管你左腦一號人格及二號人格具備抑制力，右腦這部分的你卻必定存在，而且必定在開啟的狀態。你會將焦點從往日和未來移開，敏銳度著重在當下時分──這正是我們需要培養的精緻藝術感；隨著精緻藝術

感開始成形，生活的細節會逐漸消褪，我們當下時刻的體驗則會擴展。

左腦下線時，我喪失所有文字與語言，連心靈中儲存生平的檔案也遺失了。是故，我沒了身分認同，對自己一無所知。雖然我的意識仍存在於這副同樣的軀體，以前稱為「我」的那個人及好惡，已不復存。不過，就算我左腦的「小我─自我」缺席了，我還是富有意識的生物，只是再也無法以文字溝通。文字之於我，僅是聲音，毫無意涵。這種經驗是我英雄旅程的第一步，我放下了那把名為「自我」的利劍，亦即那個以劍為具象的個體性，踏進右腦那片無意識的領域。

你曾因為太過恐慌或太過興奮，而吐不出話嗎？抑或曾因為目瞪口呆，彷彿時間慢了下來？你是否曾在異地醒來，暫時忘記自己身處何處？在這類時刻，我們完全有意識，完全有覺知，但就是短暫與左腦斷開連結，左腦原本儲存的背景與現實資訊均暫時無法讀取。有時候，我們被猛然推進此時此地，並非出於自己的選擇，有時候，我們是自己選擇抵達此時此地的國度。

要把心智帶到當下時刻，唯一須做的就是：對手邊事務按下暫停鍵，不管在做什麼、想什麼、感覺什麼，都先停下來，有意識的將注意力改放在眼前的感官經驗，感受紋理、景象、氣味。若我們願意略過生活細節，將重心轉移到生活**感覺**起來的模樣，就容易將心智帶到當下──這不是情緒上的感覺，而

是體驗上的感覺。你知道和煦陽光親吻自己臉龐的感覺，你會聆聽噴射機飛越頭頂的振動，這是我處在三號人格時選擇感受的感覺，而且並不太像我平常接觸的情緒，畢竟平常的情緒多屬於左腦二號人格的負責範圍。無論我是在水的厚實中游泳，還是擴大注意力範圍揮拍網球，三號人格都富含對於萬物的感官經驗。

* *

有時候，我們被猛然推進此時此地，

並非出於自己的選擇，

有時候，我們是自己選擇抵達此時此地的國度。

* *

我知道，我對一切充滿感激的時候，我是處在右腦。處在右腦的我，對我的人生、我的所處情境、和其他人的友誼，我都懷抱感恩。

喜悅是三號人格的基本感受，如果你想快速轉換至三號人格，就好好體驗：做點好玩的事，發揮幽默感，而且，愈亂愈好！我們每次放聲大笑，都忍不住開放心胸，享受當下，不在乎任何打擊——這也是為什麼這樣挺棒的，也對我們挺好的。

我中風後，失去了所有時間知覺，只存在於當下時刻，沒了時間流動的永恆。在我的心智看來，時間的線性不再以人為

規定的秒、分、時來衡量,而是斷續流逝:部分簡短、部分悠長,全都取決於我正在做的事。少了左腦的判斷,遊玩、創作都滿懷意義,也捎來滿足。

我無法覺察到身體疆界,就無法將其他和我分離的人區別為實體,因此,我以集體與能量的角度來感知我們所有人,我們都是同一種存有的一部分,好似我們都給織入由移動中微小分子組成的布料,共同構成一幅人類的錦繡圖。我們不需要以文字溝通,因為我們能同理感受別人,透過臉部表情及肢體語言即可交流,我們同處於宇宙流之中,由我們自身的各部分加總成同一個單位。

這好比觀賞球賽,我們全都留置在此時此地的精采刺激。我們全部轉換至三號人格,臀部移到座位邊緣,這些扣人心弦的好球、令人驚嘆的截擊,在在震撼人心。我們的意識集體擴展,全場為一整體,直直跳起,伸手擊掌,高聲尖叫,氣氛超嗨,甚至玩起波浪舞。留置在此時此地,不是我的事,不是你的事,是我們所有人的事,我們是同一個團隊,而我們的能量可以掀翻球場的屋頂。我們待在一起,共享這些繽紛時刻,多麼令人陶醉。

我們全都浸淫在歡躍高昂的氣氛中,我們都是整體萬物的一份子,大家都穿著相同顏色。天哪,那場比賽過得好快。還是不敢相信這麼晚了。我肚子好餓。這個時候,我們全心享受三號人格。

🧠 請珍視右腦意識

有時候我在想，個別細胞組成的細菌培養檢體，如何集體共享足夠的覺知，互相合作感染並主宰宿主。每個細胞都是個體，卻同步作業，成為強大的掠食者，對付一個大了數十億倍的身體，勘可比擬構成身體的數十兆個細胞 —— 每個細胞都有自己的位置、形狀和工作，而且不知為何，這些細胞全都獨立作業、盡自己的本分，然後互相溝通，集體組成健康的身體。

這就是人類這個物種，處於右腦意識時，存在與運作的方式。我們都是地位同樣重要的兄弟姊妹，處於同一個人類大家庭，團結一心。我們的獨一無二有助於改善現狀，提升整體的可變性及可行性。

在我看來，右腦三號人格與榮格的阿尼姆斯／阿尼瑪原型內涵相同，都是我們的這個部分，分別代表女性的內在陽性、以及男性的內在陰性。榮格提到，所有人在能量上都是雌雄同體，我們的這部分是與人類集體意識溝通的主要來源，與性別無關：我們都在互相擊掌時，什麼性別都無所謂。

提到人類的非凡創舉，右腦清楚明白，你我之間的差異造就了新意與豐繁。可惜，左腦看待與自身不同的他者，卻習慣負向批判，導致分離主義、種族主義、偏執態度。但真相是，我們的優勢不在於相似，而在於相異。你困在無人島上，會希望同伴跟你相像，還是最好具備不同興趣、不同技能專長呢？

若我困在無人島上，我會很高興你和我不一樣，我的左腦會立即放棄優越感和負向判斷的傾向，否則，你大可直接把我扔出島外，或要我自己想辦法求生。

三號人格的體悟：神祕連結感

上一章詳述過，左右腦掌管情緒的人格在神經迴路上，有基本的不同，因此，這兩個情緒細胞群處理從腦幹接收的資訊時，方式也相異。

簡而言之，左腦二號人格的杏仁體會立即將當下時刻的資訊與過往的記憶互相比較，此時二號人格就會離開當下時刻，以線性方式處理來自外界的刺激。因此，若我感到痛悔、愧疚或深懷怨恨，我會感覺到當下時刻的情緒，但這些情緒其實是與往昔之事有關。二號人格迴路能經歷數十種特定情緒，正負向均有，卻皆與過去的經驗有關。

與此同時，三號人格是在右腦情緒細胞群中醞釀形成的意識，體驗到的是此時此地的情緒。三號人格對過往沒有任何知覺，也永遠不會脫離當下時刻，因此，必定存在於宇宙流的層次。你可依據自己的信仰，視此意識來自於天、神、上帝、天主、真主阿拉、大自然、宇宙、當下時刻的力量等等。我們的左腦時時刻刻專注於外界，我們的右腦意識就在左腦焦點之外的背景中流動，亦即前述那種無意識維度的領域。

　　這意味我們自覺孤獨一人時，是因為左腦有孤獨的感知、感覺與體驗。不過，我們若放開依附於外在現實的人與物，就會回到宇宙流的意識中，體驗到感恩和喜悅。在任何時候，我們都能選擇自己要關注的意識：左腦的外在現實，還是右腦的當下時分。在時間流經的任何時刻，都是二選一，我們不是專注於個體性，就是任自己融入那道流體之中。

　　許多時候，若我處在三號人格，雖然並非不可能用文字描述感受，但就是有困難，畢竟本來就是不可能以文字描述無以名狀的事物。例如，我們觀賞藝術或凝聽音樂時，會覺得好壯美，右腦可能會感動不已；日落時，敬畏感可能會包覆我們整個靈魂；抑或是，我們站在山頂時，可以同時感受到自己如宇宙，廣袤浩瀚，又如點點塵埃，無足輕重。

　　這些是我們集體意識中既無法衡量、亦無法界定的時刻。不過，我們基本上也都知道，這些時刻在內心深處感受起來是何種模樣：我們與人擁抱，覺得回到家園，那種神祕的連結感正是三號人格的體悟。

　　若你是天賦異稟的音樂家或視覺藝術家，你正是透過右腦表現自己。左腦的評判會帶來憂懼，使我們癱軟麻痺，然而右腦三號人格現身主導時，我們卻不受此拘束。此時此地，我們找到節拍、增加節奏、挑出旋律，還和左腦寫作歌詞的那個自我互動，共同傳遞一道訊息：那道訊息正是一段故事、一類情緒、一種感受的完美交織。但我們促使訊息運作、研究訊息並

加以改善時，左腦負責的是勤於練習，右腦則負責展現美好。

我們許多人都被迫以唯美方式表達自己，但澈底放任自己跟隨宇宙流的感受，也相當美好，而且美好至極。有些創作者宣稱，創作過程是刻骨銘心的痛，但又蘊含獨特韻味，饒富樂趣而無與倫比，創作時只消和繆思連上線，奇思妙想就源源注入。我在雕刻石頭的時候，確實能體會這點，我會深深沉浸在宇宙流中，覺得必須要探索並釋放任何卡在石塊裡的塑像。我們人類有這種能力，透過右腦深入內裡，以創意表達自我，真是教人愉悅。要是我們的創作在某方面觸人心弦，又多麼值得開懷。

在右腦這另一個現實裡，一切都互相關聯，是實際存在的意識，但由於我們定義不了、看不見、碰不到、聞不到、嘗不到、聽不見，這個平行的知覺世界經過僅相信外在現實世界的左腦處理之後，通常會變小、判定為假，還強遭否認。在這個右腦能量流動的領域，通常會展現共時性（synchronicity），但在現實世界中，強勢的左腦很容易就排除這種共時性，認為只是巧合。

＊＊＊＊＊＊＊＊＊＊＊＊＊＊＊＊＊＊＊＊＊＊＊＊＊＊＊＊＊＊

左腦的評判會帶來憂懼，使我們癱軟麻痺，

三號人格現身主導時，我們卻不受此拘束。

＊＊＊＊＊＊＊＊＊＊＊＊＊＊＊＊＊＊＊＊＊＊＊＊＊＊＊＊＊＊

左腦會做出這種判斷很合理，畢竟這種共時性的概念可能威脅左腦自我中心的個體性；左腦會否認左右腦的雙重性，也否認左右腦各有獨立體悟的領域。此造成的唯一問題是：右腦世界那數十億事物的存在，公然挑戰了左腦對真實性的定義。但其實，左腦連「生命存在」這件事也無法解釋。更重要的是我們必須理解到，就算左腦對某事物有見解，也不能代表這項見解為真。

嬰兒出生時，他們的大腦還沒有機會確定身體起始和結束的疆界，因此，我們出生時主要為右腦意識，後來才逐漸取得關於自我及周遭世界的足夠資訊，將自己建構為與宇宙流分離的個體。孩子傾向流露右腦三號人格，全力在遊樂場上發揮，直到左腦形成**以現實為基礎**的意識，在學識上、形體上皆逐漸成熟。學校著重引導左腦發展，特別規劃閱讀、寫作、數學，再佐以地理、歷史等課程，這些學識都需要左腦成熟，以便記住浩如煙海的細節。我的三號人格始終不明白，為何必須把這一堆日期和細節塞進頭腦，我都知道去哪找到這些東西了，難道不夠嗎？

我八歲左右，問媽媽是以文字還是圖像來思考，她說她是用文字思考。對於當時的我來說，用文字思考是深不可及的概念，因為我的大腦閃現而出的是影像，不是字母。我成年後，和吉吉出門度假，一起閱讀了幾本寫得不怎麼樣的小說，我會問吉吉這本書在講什麼，她會描述大致情節。結果，她的大腦

真的會閱讀文字，而且只讀到文字；我的大腦也閱讀了文字，卻跑出那段故事的影像。有關這個主題的書，我最喜歡的是葛蘭汀（Temple Grandin）那本《星星的孩子》。

孩子一起玩耍時，會找志趣相合的人加入：「有人要玩足壘球嗎？」三號人格盪鞦韆時，會愈盪愈高，愈高愈好，而在與鳥兒齊高飛翔的神妙時刻，沒人會想著明天的拼字考試。無論歲數，三號人格都是大腦中喜愛動手做的那個部分，一直活潑好動，也是大腦中那個長不大的大小孩，喜愛在雨中漫步，等著看 ESPN 當日賽事的精采回顧。

三號人格是樂天派

三號人格宛如狗狗，隨時關注著你的行動，隨時準備好，等你一伸手拿牽繩、玩具或碗公，就整個撲上。三號人格是演奏名家，夙夜匪懈練習令他歡躍、震懾的樂曲，甘之如飴。大腦這區域看見的不是局限性，而是可能性，一切關乎與我自己的連結或與他人的連結，我練習、練習、再練習，不斷微調、校正，覺得對了，才會停止。我在這時刻要怎樣才能跨出更大步、更用力深呼吸，才能獲得更好的結果？

三號人格機智、愛耍寶，會笑得很大力，重重踩踏地面，吸取更多空氣。三號人格的情感坦白率直，在當下時分，和大家融為一體，同為一心；興奮同樂時，共享深厚連結。而這些

　　將成為我們珍惜、談論、之後會為生活增色的片段。我們是一個集體，共存共榮，因彼此的相似而連結，忽略彼此的相異。

　　儘管三號人格渾身都棒極了，卻也可能將我們推向重大麻煩。三號人格會在當下時刻衝動行事，罔顧後果。「你當初在想什麼？」呃，很明顯，我根本沒在想，我在感受，我對當下有了某種體悟，然後當時似乎這樣做還不賴。除非我是個大腦尚未發育完全的青少年（要寫這題目的話，那就得另寫一本書了），否則不須多提。三號人格無論幾歲，天生就是要推展極限、抗拒權威，才不管有沒有獲得你同意。

　　雖然一號人格可能會汲汲營營控制三號人格的所思所為，三號人格通常沒打算臣服於權威。我本人長時間待在湖上，如果風暴雲飄然而至，我的一號人格相當明白，現在該離開水域了，三號人格倒有自己的想法：風暴雲可能會帶來強風暴雨，但也可能直接悠悠飄過，所以，除非我看到閃電，不然就要繼續這樣東摸西摸，下雨的話再找遮蔽就好。我可不想承認，我這麼縱容三號人格；每次待在湖上，我總是撐到最後幾個月，才願意讓一號人格負責這種安全決策。過去數月間，有好幾次我都為此真心高興，而且我必須說：「海倫，加油。」

　　三號人格有點類似強迫症，喜歡依自己的方式做事，如果描繪了成就藍圖，旁人很難給意見或建議。我三號人格的心態是：假若你想迅速解決某事，自己馬上動手做最方便，哪有時間心力找到正確言詞，告訴別人自己想怎麼做。一號人格比較

擅長運用言詞，因為他們有方法，而且明顯對語言很有一套；三號人格則是一股腦兒投入，衝衝衝，先動起來再說，好好探索各種可能，接著往後退一步，期盼一切順利。

上次我煮蛋時，心血來潮，也想煮一些番薯，但我沒先問問平時很會做料理的朋友，憑直覺煮了下去，結果搞得一塌糊塗。可惜的是，我如果處在這種心態，你如果想幫助我，只會讓情況更糟糕。馬克·吐溫（Mark Twain）說得對：抓著貓尾巴提起貓身獲得的體悟，其他方法可得不到。[28] 這就是在說三號人格啦。

 ## 三號人格的職場作風

三號人格只要和大家待在一起，就很快活，所以不管身為主管還是員工，面對面互動才是正道，這樣才做得了事情。他們雖然喜歡團體合作，自己獨立也能做得好。從專案不同進度的項目切入，對他們來說不是問題，也鮮少選擇從頭開始或以線性方式作業。需要發揮巧思、沒有界線的專案，會讓他們整個人充滿動力，他們會找理由利用空間，找理由與人合作。

三號人格避免給老闆進度表，反正進度會逐項完成，那討厭的時限只會阻礙創意流瀉，交辦工作是一定會完成的，成品還可能令人大為驚豔，但他們就是不希望給時限責任綁住。三號人格最難忍受的命令就是，老闆叫他們制定計畫、預算、進

度表、截止日期。同理可證，開董事會時，你若給三號人格一面白板、一盤色彩繽紛的白板筆，或是叫他們負責掌控議程，那你只能請老天保佑了。

三號人格的海灘時光

三號人格知道要去海灘玩，太興奮啦，就忘記帶防曬乳。毛巾包在揉成一團的紙屑中，隨意扔在沙灘上，沒差啦，陽光會曬乾啊。他們穿著舒適、絢麗的夏威夷襯衫、短褲，戴著一點都不搭調的帽子，沿著海水的邊緣猛衝，海水冰涼沁透，他們有如小豬般發出唧唧聲，樂不可支。陽光在起了漣漪的水面上舞動，在海床上形成明豔、亮麗的神經網路，這幅景象太美了啊！

三號人格對這次歷險，並不會有太多計畫，只盼會得到什麼樂趣，根本沒辦法專心思索其他瑣事。他們隨手抓起衣物，就在此時此地，使出渾身解數，手舞足蹈，開懷大笑，看見原本認識的人已經太開心，還要結交興趣相投、精力相當的新朋友，怎不教人激動。他們著重於共同點，重視對彼此的喜愛，時常感恩大家都在這裡，都在一起。

對三號人格而言，一團亂才是海灘必備體驗。砂質海濱是完美無瑕的遊樂場，砂礫、陽光、海風，處處都能刺激感官。三號人格外向，會找對象攀談，但對象不僅人類，還與鳥、螃

蟹、所有快跑的小生物交流，面帶微笑，大方邀請其他三號人格加入，一起堆沙堡、把朋友埋進沙子。若是一群人在一起，三號人格很會玩遊戲，還會想出新花招。他們會付錢請當地人幫忙編出玉米辮，過了很久很久很久以後才拆掉。

他們認真體驗當下時分的海灘風情，也不會拿上次來海灘的體驗來比較。挑選防晒乳的依據是氣味或標籤酷不酷，品牌不是重點。別擔心，他們終究會晒傷的——如果他們真的不怕麻煩擦了防晒乳，也一定會忘記補擦。喔對了，一堆腐爛的海草、臭掉的魚屍體……這些地方好值得探索。那些退潮後，冒著泡泡的小小洞洞，裡面有生物嗎？來挖挖看吧。

三號人格的美滿一天，就是看見海豚玩耍，找到鯊魚牙齒並全數帶走。無論晴雨，浸淫在大自然中，滿富感官經驗，零行程規劃，多美妙！天啊，天啊，真是畢生最美好的時光。明天可以再來玩嗎？

 三號人格速寫

寬恕包容：我們樂意和其他人在當下時刻產生連結，也願意輕易原諒，以便能在心裡重新與對方建立連結。

充滿敬畏：我們對此時此地發生的一切都期待萬分，生命是多麼令人嘖嘖稱奇的禮物，每一刻都滿是精采美妙的可能。

怡然自得：我們的生命正在發光發熱，每一刻都很令人興奮。活著是如此值得品嘗，我們只想善用每一次體驗。與人共度歡喜時光，是最棒的了。

富同理心：我們彼此連結頗深，我可以感受到你的喜悅、你的痛苦。我能陪伴你身旁，你的痛苦不會嚇到我。我與你互相連結。我關心你，我愛你，我們絕不孤獨。

不拘一格：如果我拿這個做那個，就會想出氣象一新的成品。太——酷——啦！想助我一臂之力嗎？

喜悅無比：我只想一直笑，想玩，想要腎上腺素噴發的暢快——要跟我一起嗎？

求知慾強：我們來探索這個，我們來試試這個，你知道這線索是什麼意思了嗎？我想知道會往哪方向發展。

風格獨到：我會穿上最愛的條紋衣、舒適的格紋褲、我最愛的那些有大腦圖案的襯衫，當然了。要好好搭配？要好好搭配是什麼意思？

滿懷希望：不管如何，我都在這裡陪你，我們會一起度過難關。一切都會沒事的。不管發生什麼事，我都會支持你。

盡興體驗：我好喜歡各種經驗在我體內的感受。我對各種經歷的生理反應相當敏感，我會傾聽自己的直覺。

認識你的三號人格

　　若你想先跳過這些問答，繼續往下讀，當然沒問題。要認識大腦不同區域難免費勁，或許趁有耐性、有精神的時候，再來了解，比較適當。

　　若你現在準備好了，就來探明三號人格吧。

1. 你能不能認出自己的三號人格？暫停片刻，想像自己正處在這個會盡情享受當下的人格。你讓左腦退至背景，將注意力放在此時此地，立即探索眼前的聲音、紋理、景象、氣味。轉換到三號人格，對你來說有多容易？

　　三號人格是我的主要人格。我早上一醒來，就是三號人格的模樣，之後再視需要，有意識的轉換至不同人格。每天一醒來，內心立刻感受到喜悅，對當日的行程充滿好奇，一旦查好既定行程，可以從這一條蜿蜒前進到另一條，幾乎不需計畫，只消解決一個個冒出的問題，至少維持到一號人格跳進來，我又會回到進度上。我那自動運作的衝動，會讓我溜回當下時刻的自由，除非真的有什麼理由，我才會以其他人格應對。

2. 三號人格現身時，你有什麼感覺？會覺得心胸寬廣嗎？感覺自己身軀更輕盈，更常踮腳尖走路？聲音是否會消失，因為

再也不是輸出,而是把全部都帶入?當你體驗此時此地的時候,三號人格有何感覺?

我的三號人格是個樂天派小人物,熱愛生活也愛你。三號人格在我體內現身時,感覺生命力歡悅翻騰,滲入構成我生命存有的每個分子。我的三號人格在我體內很輕盈,很健康,體格強壯,手腳靈活,暢快明亮,感染力十足,不複雜,不受拘束,通常不守規矩,不時爆炸,表現自己時無顧後果,縱情狂放。

3. 如果不認識自己的三號人格,該怎麼辦?

要是你不認識自己的三號人格,代表你錯過了那整個自然噴薄的能量表現,錯過那無計畫、無進度、好奇心無止境的一面。我們的這種表現是當下時刻那無牽無掛的情緒,可能是禁不住的捧腹大笑──或是冷不防的變臉大怒。

就在此時此地,三號人格熱力四射、欣喜愉悅,澈底投入這個當下的感官及體驗,無所懼怕也不帶批判,不曉得過去,感知不到未來,因此,風險不是負向因子,僅只是一場偉大歷險,一個餘味無窮的腎上腺素激增橋段。三號人格推己及人,善與他人建立情感連結,喜歡變化,任何富於感官經驗的事,都能讓他們生氣蓬勃。

　　然而，你或可想像得到，無牽無掛的三號人格抱有這種不受控又無可預料的精力，幾乎不尊重權威，任何自重的一號人格應該都會瘋掉。

　　在我們社會中，一號人格代表權威而發聲，經常不能自在面對三號人格的衝動本性。因此，若你認不出自己的三號人格，可能是他已順應勢頭，安靜從命，只因為左腦的一號人格及二號人格認定，他們幾乎不需要三號人格的無憂無慮、熱愛玩耍和充沛精力。

4. 假設你辨識得了三號人格，你會喜歡這個人格在你體內表現自己嗎？你會讓這個人格在生活中運作多少時間，在什麼情況下運作？

　　我超愛三號人格在我體內的感覺，雖然我對四大人格一樣重視，大多時候我還是讓三號人格現身，恣意揮灑。我雕刻石灰石時，打造令人拍案叫絕的彩繪玻璃作品時，都會表現出這面向的我。我對各色各樣的事情都滿懷熱忱，不管會不會弄髒手，是不是需要揮汗付出勞力，或是騎腳踏車、划船、游泳、與同好出遊，我的三號人格都覺得健健康康、歡歡喜喜。

　　不管這部分的我一頭栽入什麼，你大可放心，我絕對是在燃燒創意，沉醉在此時此地，我每一分寸的肌肉都全力參與，

綻放本性。我的三號人格絕不退縮，也幸好，我沉浸在宇宙流之中時，我的一號人格會自行注意三號人格的健康狀態。我的心得是，強大的三號人格若享有強大的一號人格支持，就真的會產能高漲，合作順利，締造佳績。

5. 你能否根據三號人格的特質，取個好名？此外，既然現在你對左腦一號人格及二號人格比較熟悉了，還滿意之前替他們取的名字嗎？

我替三號人格命名為「乒乓」。[29]

記得舒茲（Charles Schulz）作品《花生漫畫》有個角色，周遭常有灰塵圍繞嗎？我的三號人格就像那樣。她在這裡，在那裡，到處都有她的身影，一直待在當下時刻搗亂攪和、玩得樂呵呵，沒那麼失控，也不是行違法勾當，但絕對跳脫我左腦較謹慎的價值觀。

乒乓一片赤誠，情感豐沛，心靈手巧，在純真狀態下，脆弱又天真。我的三號人格存在於此時此地，所以假使我的左腦沒理智提醒，乒乓可是有能力做出相當糟糕的決定，純粹出於無知。

建議你摸清三號人格，找到分外稀奇又名副其實的名稱。什麼名字適合你那喜悅自適、又熱愛玩樂的本質？

6. 在你人生中,哪些人的三號人格曾經正向或負向影響過你?
你的三號人格因此壯大膽識,還是遭到壓制?

　　我爸爸海爾是強大的三號人格,所以我成長過程中,直視了這人格的優劣利弊。海爾別具匠心,童年的我年年秀出的萬聖節造型,必定登峰造極。說音樂人,海爾就到。他拿起任何管樂器,二十分鐘內,大家就會向他點歌。

　　你大概猜到了,家裡有海爾這位三號人格,缺點就是造成母親的重擔,家庭秩序難以維持。好比說,我家的車庫和地下室令人不忍卒睹,彷彿災難過境,別妄想找到任何東西。

　　後來我學到,要是想在專案模式中讓三號人格自由奔放,我的一號人格也得待命,定期收拾混亂局面,重建秩序。直至今日,這兩個人格的配合都令我相當滿意。要是一號人格沒有跟著我,發揮她的才能,全然無秩序反而只會癱瘓我的三號人格,不見任何成果。

7. 你身邊有誰會欣賞、關心、認同你的三號人格,並想與之同遊?你們的相處情況如何?

　　大多數朋友應該都喜歡和乒乓一起玩樂,他們確切曉得碰頭時會做什麼。我和我的密友聚在一起,創造力會大加成。

　　雖然乒乓處理專案極有耐心,投注時間的方式也多變,但

她耗費許多心力包容其他人的二號人格，會一直等到那些人願意開始享受當下時刻的喜悅。

三號人格的天賦就是同理感受，因此乒乓天生就擅長配合他人情感需求，愛與慈悲的天資過人，只是有時我的一號人格海倫想直接插手解決問題，或是四號人格（下一章將詳述）已安排好一切，準備安慰受傷的人。

我的愛彼也有能力和其他人的二號人格結成知己，畢竟，有時候人生終歸只是兩個二號人格互相包容陪伴。「患難見真情」相當適用於我的四大人格。我深信，我們的優先要務是對彼此付出愛，這是我人格本質的核心。

8. 有誰無法和你的三號人格好好相處？

任何人如果悶悶不樂，又一直維持這種狀態，肯定會覺得乒乓十分討厭。信不信由你，我就遇過有個上司說，我個性太歡樂了，沒辦法成為嚴謹的科學家。教人疼惜的是，他因為身體慢性疼痛，承受不少情緒。他的二號人格是日常主導人格；通常我們的二號人格若不快樂，也不會希望身邊的人快樂。多年後，我幸獲哈佛大學醫學院精神病學系的麥塞爾獎（Mysell Award），這是精神病學系頒給醫學博士或哲學博士的最高榮譽獎項，表彰研究成果。當時我憶起乒乓收到的負向評價，整個人也覺得自己證明了清白。

　　我的海倫負責讓我準時上工，我的實驗室生活卻由乒乓的歡樂情懷主持。事實上，我應徵哈佛大學精神病學系的職位時，告訴未來的老闆，我骨子裡是藝術魂，但選擇科學維生。我基本上是這樣說的：「我有強大的三號人格，有創意、能創新、愛探索，但也有強大的一號人格，能把工作做好，能在期限內完工。」她當場就聘用我，也夠憑直覺，指派研究專案，要我以審美眼光妝點增色。我們都善用個人的優點，成就圓滿的職場關係。

9. 你的三號人格是哪種家長、伴侶、朋友？

　　我們的三號人格是自己可圈可點的那一面，不過，因為他們在混亂局面、創意發想及當下時刻最為自在，雖然可能是最有趣、情感又最豐沛的父母，但肯定不是最有條理或最有紀律的角色。另外還必須注意，假使你是家長，主要人格是三號人格，太早將孩子推入一號人格，要他們承受建立秩序的負擔，這樣並不公平也不妥當。

　　孩子在生物學上是幼態，必須受到保護。藥物或酒精成癮的父母不能展現健康的一號人格，責任往往改落在年紀最大的孩子身上，孩子本身還沒發展成熟，就得先讓一號人格長大。我們必須注意自己對身邊的人提出什麼要求，這也是本書內容如此重要的原因。就算你主要是三號人格，你還是可以訓練一

號人格在適當時機上線，展現出健康成年人的樣貌。

同理，我們身為成年人也得注意，所提供的架構不僅為了幼童，也為了青少年。人腦要到二十五歲左右才會完全成熟，所以，儘管年輕人可能看起來像成年人，但大腦成熟前，得靠我們的一號人格來支援，提供架構，替年輕人代理一號人格的任務。顯然有些幼童天生偏好秩序及完美主義，等於在起跑點就具備一號人格的技能，但孩子若非天生如此，我們就需要提供架構。我們必須和孩子當朋友，但更重要的是，我們要好好養育孩子。

如果你是三號人格伴侶，最好有一號人格隨時待命，不然你家可能會囤積一堆有的沒的，凌亂不堪。缺乏秩序的人腦，可能聰慧靈敏、別出心裁，還具備各種三號人格非同凡響的特質，但若未能至少維持一些秩序，伴侶之間並沒有神經元連結可以直接傳遞想法，最後反而沒什麼共同成就。

與此同時，請好好珍愛這些小小的三號人格，讓他們提醒你當孩子應有的模樣。不失赤子之心，無論是在生理還是情緒方面，都對你的心大有助益。

10. 儘管我們尚未澈底檢視四號人格，但務必確定一下你腦袋裡各人格的關係是否良好。你的三號人格和其他人格如何互動？

　　正如前文所述，乒乓相當欣賞海倫，絕對全力配合，她知道海倫熱中處理所有乒乓沒興趣的事情，也知道海倫大有意願接手。乒乓真的聰穎靈活、創意無窮，卻非讀書人，背東西、閱讀手冊說明，索然無味。謝天謝地，有海倫願意負責經營我們的世界，讓乒乓得以沉浸在最近深受吸引的事物當中。大家都知道乒乓會反抗安排進度這事，她不喜歡給人控制，但如果她覺得自己的天生技能獲得接納與重視，就會和大家站在同一陣線，尤其對我的其他人格來說，更是忠貞不渝的可靠戰友。

　　乒乓和愛彼的關係也極為重要。愛彼若將恐懼或不滿帶到當下時刻，乒乓知曉如何撫平愛彼的躁動，乒乓會扶著愛彼走出痛楚，回復平靜；若愛彼深陷傷慟，鎖進內心深處，乒乓不會避開，而是好好陪伴，共同面對，不僅會包容安慰，還會提醒愛彼，我們活著有多麼幸福，而且，有能力感受這種痛澈心扉，有能力細細體會箇中韻味，是好重要的事。

請回答：認識你的三號人格

1. 你能不能認出自己的三號人格？暫停片刻，想像自己正處在
   這個會盡情享受當下的人格。你讓左腦退至背景，將注意力
   放在此時此地，立即探索眼前的聲音、紋理、景象、氣味。
   轉換到三號人格，對你來說有多容易？

   _____

   _____

   _____

2. 三號人格現身時，你有什麼感覺？會覺得心胸寬廣嗎？感覺
   自己身軀更輕盈，更常踮腳尖走路？聲音是否會消失，因為
   再也不是輸出，而是把全部都帶入？當你體驗此時此地的時
   候，三號人格有何感覺？

   _____

   _____

   _____

3. 如果不認識自己的三號人格，該怎麼辦？

_____

_____

_____

4. 假設你辨識得了三號人格，你會喜歡這個人格在你體內表現
   自己嗎？你會讓這個人格在生活中運作多少時間，在什麼情
   況下運作？

_____

_____

_____

5. 你能否根據三號人格的特質，取個好名？此外，既然現在你
   對左腦一號人格及二號人格比較熟悉了，還滿意之前替他們
   取的名字嗎？

_____

_____

_____

6. 在你人生中，哪些人的三號人格曾經正向或負向影響過你？
   你的三號人格因此壯大膽識，還是遭到壓制？

   _____

   _____

   _____

7. 你身邊有誰會欣賞、關心、認同你的三號人格，並想與之同
   遊？你們的相處情況如何？

   _____

   _____

   _____

8. 有誰無法和你的三號人格好好相處？

   _____

   _____

   _____

9. 你的三號人格是哪種家長、伴侶、朋友？

_____

_____

_____

10. 儘管我們尚未澈底檢視四號人格，但務必確定一下你腦袋
    裡各人格的關係是否良好。你的三號人格和其他人格如何
    互動？

_____

_____

_____

第七章
四號人格

—— 右腦掌管思考的區域

歡迎一起認識我們的四號人格。這裡會說「我們」，原因在於，四號人格（即右腦掌管思考的區域）是我們意識的一部分，我們與彼此共享四號人格，也與所有其他生命共享。因為在我看來，四號人格的腦細胞群是一道傳送門，引導宇宙能量流入，充燃身體每個細胞，這股能量及其意識，充盈了我們整個存有。我們在能量及其意識裡泅泳，能量及其意識也在我們裡面泅泳，彼此不分。我們的四號人格是全知的智慧，是我們的源頭，也是我們體現宇宙意識的方式。

雖然我們是一種驚奇萬分的生命形態，其實也就是移動中的原子和分子。談論一號人格時，我提到，左腦調校了資訊處理層次，使我們將重點從分子流層次轉移至外在物體的領域。不過，一旦我們將知覺從物體的層次，轉回至構成萬物的原子層次，我們的重點等於是返回粒子物質層次，也就是我們的源頭。這種小宇宙流[30]的意識仍為萬能，且無所不在。我們永遠不會離開這個意識，也永遠會有這個意識，這個意識是流經我們血脈的平靜之河。

🧠 平息雜音，體現平靜

我們轉入四號人格時，即能體現這種平靜。但是，我們得先平息一號人格的千頭萬緒，讓一號人格不再執著於外界各種細節，還得安撫二號人格揮發的情緒和反應，接著將焦點轉離

三號人格著重處理的經驗感官。我們若想在四號人格的意識中擴展，就必須平息其他三個人格在腦袋裡製造出的許多雜音。

四大人格的四種意識，好比弦樂四重奏。兩把小提琴演奏旋律，高亢亮麗，穿透力強，高高飛於其他音色之上。一把大提琴帶來輔助的沉穩低音，易於和小提琴的高音區分。中提琴的音介於兩者，不如小提琴高，亦不如大提琴低，因此完美融入其他音部，難以分辨，又宛如膠水，使彼此互相黏合，交織成平衡圓滿的弦樂四重奏。

* *

四大人格的四種意識，好比弦樂四重奏……

我們的四號人格宛如中提琴，

是平衡四大人格表現方式的膠水。

* *

雖然中提琴的音色難以分辨，若缺少中提琴，整體呼吸韻律可能不一致，流動銜接缺乏潤澤。以四大人格而言，中提琴即代表四號人格的意識，兩把小提琴象徵左腦一號人格及二號人格，可能會響亮得奪人耳目，大提琴則代表三號人格的低音部。我們必須細細諦聽，才能聽見四號人格的心聲；大小提琴都同意演奏得更溫和時，才能聽見中提琴厚實細膩的音色。我們的四號人格宛如中提琴，是平衡四大人格表現方式的膠水。

　　若你的一號人格難以理解四號人格意識的正當性，或難以接受四號人格意識的存在，我得說，其實很正常，一號人格本來就可能會將不熟、未知、神祕的事物判定為「沒科學根據」、「假的吧」。然而，綜觀歷史與全球各地的多樣文化，人類早已設計出形形色色的技術、工具、策略，來評估這片意識領域，運用宗教教義、祈禱、冥想、瑜伽，來體驗四號人格。

　　榮格提到，「自性」[31] 是我們原型的部分，是無意識與意識的整體總和。我們知道自性存在，但挖掘自性之難，向來並非一蹴可幾，各人格都以不同方式表現。

　　左腦會將一切事物分離、分類，才得以建立秩序，理解外界，左腦認為科學和靈性是如此兩極化的主體，不可能共存。身為科學家的我，中風復原之前，從沒懂過這種心智框架，原因在於，科學是用來探索未知事物的策略工具，而顯然，我們並不懂右腦的領域。

　　可惜，科學方法理應是優秀科學家用來執行完善研究的利器，基本上是由左腦設計的線性方法，以利衡量任何事物，並複製實驗，驗證假說。當然，科學方法相當局限，因目前驗證的範圍僅囿於由一號人格建構的外界物體，線性技術當然只能用來研究線性現象。

　　假設某一事物無法衡量，或實驗結果無法複製，左腦通常會選擇否認其存在，或者完全否定其價值。我們能在左腦意識領域學習的事物，與我們右腦意識領域中其他無可衡量或複製

的任何事物，這兩者之間是有鴻溝的，若我們想要釐清，就必須奮力一搏。幸好，目前有許多真正不落窠臼的研究，一方面拓寬科學方法的界線，一方面搭起科學教條與靈性經驗之間的橋梁。

從宇宙能量到人類生命

四號人格意識一直與我們同行，此意識是某種能量，我們存在於其中，交織於我們體內每個細胞，以及宇宙中的每個分子。這是我們生活於其中、呼吸於其中的能量球，此能量球擁有我們自身的存有。能量球是我們生命的泉源，是我們以不同做法渴望獲得的體悟。

四號人格的意識是英雄旅程最遙遠的目的地，返回這種意識，代表我們返回到最珍貴、最平靜的自我。四號人格是我們的真實面貌，是我們自己與天人合一的那部分；然而，得知這點，並不是否定各個人格的真實性。

四號人格是我們與生俱來的意識，後來，大腦與身體神經才配置完畢，準備運作。我們原本只是一顆能量球，圍繞著一團細胞生命而不停注入、射出，後來的後來，嬰兒腦才有辦法定義身體疆界的起點與終點。

當父親的 DNA 與母親的 DNA 結合，母親受孕，那個單一的合子（受精卵）細胞將發育成胎兒身體，逐漸成熟，形成人

類生命，期間皆由宇宙的能量意識推動。個別的合子細胞包含了分子天才；必須有這分子天才，方可讓我們質變為今日的自己。

在九個月的妊娠期間，這顆宇宙能量球（即四號人格的意識）引導了基因表現，其中包含我們分子檔案的藍圖。因此，可能構成我們形體的新細胞，形成速度為每一秒二十五萬個。（沒錯，是每一秒，不是每一分鐘！）正如各位想像，四號人格意識的宇宙力量會引導我們的轉型，使我們從單一的合子細胞轉變為正在形成的身體結構。

我們完成正常的九個月妊娠後，構成組織、器官和器官系統的所有細胞全以完美的形式排列，準備好迎接我們離開子宮後的下一個發育階段。我們出生前，儘管構成腦部與身體的數兆個細胞已結構井然且各就各位，卻存在於不同的功能層次。舉例而言，我們的呼吸橫隔肌細胞早已與腦幹的細胞相連，因此我們出生時，已經能夠呼吸。然而，骨骼肌及運動系統的其他部位，雖然已配置好也就定位，仍需外界刺激才能成熟。

我們原本在子宮內形成了細胞團塊，周圍由能量球包覆，但我們出生時，此能量球與外界的能量以流體形式互相混合，因為本就不分彼此，毫無二致。誠然，從我們離開流著溫暖液體的子宮，到進入充滿氧氣的空氣中，這趟由受精到出世的旅程不僅對我們的生物系統造成衝擊，也是最初的分離經驗，和一直以來保護我們、養育我們的東西中斷連結。

讚嘆生命的奇貴

我們出生的當下，獲得身體方面的個體性，但那共有的宇宙能量意識已注入每個細胞，絕不會從身體卸除。我們為什麼喜愛嬰兒？或許是因為，我們面對嬰兒時，就像透過鏡子映照他們四號人格的意識，我們的四號人格也很容易受召喚而出；我們只消看進新生兒的雙眸，體會他的眼眸之美。當我們用手指扳開新生兒嬌小的手掌，嗅聞頭部的香，就會將我們傳送至純真、脆弱、天生完整一體的回憶之鄉。我們面對出生，讚嘆生命的奇貴，頌揚這令人嘆為觀止的轉化，並永遠引頸企盼，人類那滿載著各種可能的未來。

我們出生時，為回應新環境，嬰兒腦在生理上轉移至更高階的資訊處理，而二號人格及三號人格的意識上線，處理新層次的輸入。一瞬間，直截的刺激大量湧入感官系統，無論是亮光、聲響、還是肢體接觸，以前全都因為子宮的液態環境而消止。大腦神經網路是先天與後天的產物，各種刺激全力透過感官系統湧入，由於感官系統尚未完全成熟，起初大腦會認定這些刺激為混亂，但大腦是相當卓越的利器，天生特有能力，得以從無秩序中建立秩序，從不合理中找出合理之處。

我們出生之時，並不知道身體疆界如何界定，腦細胞需要外界刺激，才能建立神經迴路，建立未來可供界定與控制肌肉的神經網路。附帶一提，這也是為什麼嬰兒不能一直襁褓著，

必須讓四肢自由伸展。我們還是嬰兒時，四肢每次隨意舞動，訊息都會從肌肉穿過關節，上達腦部，告知我們在空間中的位置。我們出生時不過只是細胞的集合體，意識並未界定，亦不精細。自主的運動動作，對正常腦部發育實為關鍵，必須多加鼓勵。大腦學得很快，我們一覺察到身體疆界，對四肢也能有基本控制。

我們也必須覺察到，出生時的大腦並非毫無印記，基因檔案天生攜帶本能智慧。人類染色體上的 DNA 和其他哺乳動物一樣，都由確切相同的四個分子組成，意指我們的基因遺傳經過編碼，與一脈相承而來的其他動物共有本能的制式反應及洞察。且舉個例子，人類的遺傳密碼有 99.4% 與黑猩猩共通，[32]而遺傳編碼的某一部分，就蘊藏了我們的本能與保護自我的洞察。

享受內心深處的平靜與滿足

先前提到，我們不是有感情的思考生物，而是會思考的感情生物。我們出生時，掌管情緒迴路的二號人格及三號人格的發育程度，比起掌管更高階思考迴路的一號人格及四號人格，可要完善許多。二號人格及三號人格完全上線後，整體注意力改放在過濾外界如洪水湧進的感官刺激。而當我們開始以二號人格及三號人格處理資訊，等於和四號人格的覺察、以及四號

人格那較幽微的全能意識漸行漸遠。

從功能上而言，四號人格的細胞群存在於神經解剖學的交界，介於三號人格所體驗的實體生命以及宇宙無遠弗屆的意識之間；換句話說，腦部四號人格所處區域，正是擁有實體經驗的靈性存有，也因此，四號人格是我們與崇高力量的連結，我們的存在是無限存有的一部分。不管你的信仰體系怎麼稱呼，總之四號人格和宇宙意識同存。

* *

在四號人格已擴展的意識中……

我們很完美、完整，而且美麗。

* *

四號人格能量球的意識是宇宙的生命力，是我們細胞集體的意識，隨著時間推移，也安安靜靜轉移至知覺背景之中。若想盪回這個永遠安寧平靜的狀態，就我所知，最簡單的方式是有意識的選擇將心智帶回當下時刻，接著擴展意識，體現深層的感激之情──我能藉由定期召開大腦會議（下一章詳述）辦到這事。

在四號人格已擴展的意識中，我們沒有身體疆界，感知不到個體性，便認為自己和宇宙一樣廣闊，由宇宙流那深邃永恆的愛包覆。那種宇宙的感受，那種內心深處的平靜與愛流露至

全身的感官體驗，在我們活著的時候領會得到，卻也是我們的死亡歸宿。我們知道自己無論身處何種情況，都很安全——有了這種覺知，即可深呼吸，享受那種內心深處的平靜與滿足：我們很完美、完整，而且美麗。理解到此種恆常的平靜是我們的未來、現在與過去，方可真正開悟。

講述此主題的書籍之中，我特別喜歡的一本是《超覺玄祕體驗》，作者為紐柏格（Andrew Newberg）博士和達基里（Eugene d'Aquili）博士，曾經主持廣為人知的研究，受試者為佛教僧侶與方濟會修女，他們利用單光子電腦斷層掃描儀（SPECT/CT），判讀腦部在靜坐冥想或禱告時發生的變化，結果發現，受試者感受到與永恆及天主連結時，或感受到天人合一時，並未有哪個腦部區域活化，反而左腦的語言中樞及其他功能中樞安靜下來。

 ## 我們是能量生物

左腦一號人格及二號人格會判讀兩物體之間的空間大小，確認兩者是否分離。科學解釋道，我們四周有原子和分子的電磁場，我們存在於電磁場中，電磁場也存在於我們體內。

但是就我所知，我們的左腦並未覺察到這片能量大海，因為大腦頂葉區域的一小群細胞，已替我們定義了身體的疆界，推測出分界處。要是我們先理解到，我們有能力透過思想及情

緒影響此能量場，我們的世界會有多麼不同？或許洞悉全腦生物的存在，正是人類集體的英雄旅程，我們將集體演化，蛻變成朝著明確目標前進的物種。

我們人類是能量生物，將一種形式的能量轉換成另一種能量。例如，我們透過感官系統將振動模式轉為聲音或視線，完全仰賴特定神經元群的結構與功能。我們是具有生理經驗的能量生物，會運用肌肉與四肢，但我們並不僅只是振動接收器或機械式生命體。我們有能力透過語言梳理想法，也會運用自己聲音的振動音調傳遞想法，更能以三號人格其他天生較隱微的溝通形式，彼此互動。

推動行星與恆星運轉的能量，同為造就宇宙整體意識與四號人格意識的能量。組成萬物的粒子之間並無分野，且全都在移動。由於我們和宇宙流並未斷開連結，亦未分離，我們這些人類有能力將專注力放在心智與情緒，刻意轉移那股能量。透過祈禱與設定意向的力量，我們有能力透過意識，改變能量流的方向。

當我們刻意轉移意向，將那些振動傳送至偉大的未知，就轉變了。我們的能力無可計量，而且不僅存於腦部，我們還有辦法運用腦部影響能量場，進而影響我們周遭世界。《祕密》（ The Secret ）這本書及改編的電影之所以蔚為風行，究其根本原因，正是大腦的能力。從能量來看，我們和我們四周空間的羈絆，真切實在。

　　當我將心智轉移至當下時刻，專注於呼吸吐納，感受自己心胸擴展，與拂過我臉龐又吹動樹葉的微風產生連結，此時的我，逗留在四號人格的意識，而此意識就存在於永恆之流中。此時的我，轉出左腦感知的疆界，融入那股能量。我轉移了，成了宇宙流的流動，成了那難以捉摸的存有。我不僅是那片樹葉，還是那撥弄樹葉的能量。我不僅是展翅翱翔的鳥兒，還是能托升鳥翅的能量，讓鳥兒飛旋得更高。我不僅是親吻臉龐的微風，還是微風中蘊含的暖意。我不僅是小貓的呼嚕聲，還是在聲音振動中發射出的愛之能量。

　　我將自己延伸到繽紛閃耀的彩虹光芒中，我記得閃耀的感覺，藉此與四號人格產生連結。我轉換至四號人格，接著我是一股能量，充盈在母親和哺育嬰兒彼此愛的凝視之中，我的四號人格無所不在，處於萬物之中。

　　而在這些時刻裡，我光是活著就感到愉悅，真是瑰麗輝煌的喜樂。大藍鷺清晨巡視時，對我嘎嘎叫著「早安」，我的四號人格則沉醉在已知與它共享的連結；黃昏時，貓頭鷹呼喚著伴侶回巢，而我能與之同理。在這共享的神聖意識中，我們是一家人，同為一顆能量球。

　　世上有如此多筆力遒勁的詩人、音樂人，反覆歌頌四號人格的恩典：美麗的人兒在神的返照看見自己，彼此不分離，並與他人共享。詩歌原有的音樂特質，將箇中意義流暢的沁入我們自身存有的遙遠裂隙，而將四號人格靈魂描摹得最完整入微

的，莫過於歌手兼作曲人紐康莫（Carrie Newcomer）的〈Bare to the Bone〉：[33]

> 我就在此　無言訴說
> 我站在此　雙手空
> 不願如外來客　走肉般步行於這塊方土
> 睜大眼行過這世　是唯一已知解方
> 受到希望與善意包覆
> 回歸純真

　　四號人格得以長遠影響我們使用語言的方式，深深撥動與談者的心弦，同時，我們這部分的意識也很開放、有覺知，接受一切應有的模樣。四號人格不會批判，只會認真稱頌自己經歷的生活。四號人格帶給其他人格的啟示是：我們不僅值得人愛，我們還是愛的本身。左腦一號人格若能打開心房，接納右腦四號人格的完整性，任何一文不值的現象都會立刻消失。我們若體察到自己不值得人愛，也無法成為宇宙的愛。

　　由於大腦發育的方式，兒童通常比成年人更能自在與四號人格相處。隨著我們年齡增長，更加重視左腦人格的技能和意識，我們處於左腦的外在現實中，愈來愈能自得，處在無意識和未知中則愈來愈不自在。這樣當然很合理，畢竟我們很早就開始學習社會規範，學會如何專注在物體層次，學著如何撿起

玩具，如何避免在賣場迷路，如何運用內在的聲音。我們很小的時候就接受訓練，遵守社會規範，尊重世界共有的價值觀。

因此，對我們許多人來說，光是想到要將左腦注意力從身分認同上移走，就開始不寒而慄、簡直要死了。但事實上，這樣更像是在炎夏，涉水渡過一條冷冽的山間溪流，起初會感覺驚異，但再往深處走幾步，身體便開始適應，不久後，水深及腰，儘管這可能是你碰過最冰冷的水，你還是愈走愈深，身體戰慄不已，整副靈魂湧上驚奇。邁出第一步，踩進溪水，就是回應英雄旅程的召喚。

最終，你的自我開始調適，而且理解到：若將自我暫時擱置一旁，自我並不會因此衰亡，還是會在，依據你的選擇，隨時立刻上線。若你允許自己接下任務，踏上旅程，洞察與成長的獎勵就等著你來領取。

四號人格與萬物相連

我們可以除去判斷、拋卻行程、丟開憂慮，選擇真正踏入當下時刻的國度——真的可以這麼簡單就踏進未知的意識。直接跳進泥坑吧，別想說會搞得一團糟還是有什麼後果，就任這種席捲而來的狂喜快馬加鞭，從你的靈魂激盪而出。

記得你曾經體驗到的童年喜悅嗎？只要想想，這種喜悅怎麼令你打從心底綻出微笑。我們若願意拋除裝扮適宜與否的框

架，跳脫自我、或摒棄自我價值的論述，任自己降落在此時此地，人生本就雜亂無章，所以就讓人生這樣吧，我們盡情享受即可。

放下自我懷疑、判斷和批評的你，是什麼樣的人呢？如果你相信自己，和四號人格相信你一樣，你會是什麼樣的人呢？如果你每時每刻都認同並體現你的這一部分，你又會是什麼模樣？如果你把自己從那些左腦疆界和限制中解放，會獲得多麼廣大的空間？

這個四號人格的你，無時無刻不在，持續不斷的愛著你，而且與萬物連結。我們停下腳步，呼吸吐納，這個你就是山巒的壯麗；水面上的漣漪舞動時，這個你，就存在於漣漪的能量之中。

四號人格的覺知很神聖，無所不能，而且就在你的專注力範圍之外，唯有你可以帶自己到那境地，別人無法帶領你。儘管你可能獨自一人，這部分的你卻感受不到孤獨，因為你就是愛的本身，交織在萬物意識之中。四號人格感激生命的饋贈，接受目前的模樣，對於時間的流逝感到歡欣。

詩人魯米（Rumi）慧心妙舌的邀請，恰如其分：「在是非對錯的理路界分之外，有片田野。我會在那等你。當靈魂臥於那片草地，世界的飽滿難以道明。」四號人格位於我們自身存有的核心，也居於面紗的邊陲，無論那片面紗以外是什麼。反正，我會在那片田野等你……

四號人格的職場作風

四號人格堪稱企業船艦的錨。其他三個人格分別在船艦上搖擺自己，四號人格則代表的是可預期、合情理、重大局、沒偏見的視角，致力釐清如何調合、集體流動、發揮作用。

四號人格並不害怕財務狀況，哪管財務狀況是什麼意思，也不會和自我中心勾結，畢竟根本沒有所謂的自我中心。他們當然能覺察其他人格的自我，但完完全全有能力評估整部機器的整體績效。他們是以系統化思考：我們這樣做的話，就會發生那種情況，接著就需要用這種方法來應付那種情況，才能創造平衡。

四號人格手頭上可以同時處理九項細節，不會因恐懼而癱軟，也不會因任務複雜而無所適從。他們會將各部分視為不同的整體，他們的強項與洞察在於整合不同的整體，依循系統逐步推動。

因此，四號人格是任一組織的 Beta 版測試人員。要是我不知道這專案能否成功，我可以將構想和某個四號人格討論，他會視覺化呈現專案，告訴我「好啊，我們可以這樣做」，或是「不行，這樣不會成功」，也可能會說「好啊，我們可以這樣做，但我不確定應不應該」。若四號人格不認為多了這個或加了那個，會提升整體專案的價值，必定放棄晦澀複雜，改選簡單清晰。

　　在企業實務上，一號人格盤算獲利，二號人格會帶著想法和細節東摸西找，三號人格想要好玩，四號人格則企求造福眾生。

 ## 四號人格的海灘時光

　　四號人格聽得見海灘飽含聲響，有海浪的拍打，有鳥兒離海灘仍遠的鳴叫。他們和海洋的遼闊無疆產生連結，心中洋溢著感激，任何一絲絲的絕望，都由充滿希望和可能性的想法立即取代。在這個空間，在這個與比自己更強大的力量產生連結的感受中，還有一股絕對豐盛與完全臣服於全知覺察的感受，一切都該是這種模樣。

　　我們在海灘上可能是獨自一人，但我們的四號人格永不孤單。我們與萬物合一的時候，舒適感自然而生，完全存在於當下。我們注視鳥兒良久，竟不知道自己何時沉醉於鳥兒的冥想沉思。我們自身存有的本質跟著海浪前進後退，我們與鳥兒一起振翅高飛，心滿願足。暖陽親吻肌膚時，我們闔上眼，手臂朝天揚起，欣賞我們的生命，以及所有在我們四周的生命。我們深吐一口氣。

　　我們渾身覺得優雅，打從心底知道自己完美、完整，而且美麗，正如我們現在的模樣。我們不比較，因為我們完全處在當下，心智裡沒有別的地方或別種時間。我們感恩自己擁有生

命,我們是生命本身,還共享生命。鵜鶘俏皮可愛的搖擺,我們覺得幽默;雲彩中,我們欣見意義;我們感受到周遭一切的神祕之美。我們覺察到,宇宙是一幅錦繡圖,我們是圖中的一針一線,隨著宇宙流移動。

待在海灘上的四號人格笑容可掬,與路過的人正對眼神,直接交流,身體就算沒有移動,能量卻在移動。一旁的孩子玩到瘋了,狂放尖叫,四號人格也因與孩子連結而莞爾,又看見打盹的怪老頭而眉開眼笑。

假若你打開靈魂,與別人的波長同相,便可感受到他們給所有人事物的愛的投射。我們今日看到的海豚,也就是帶給大家諸多歡笑的那群海豚,就在這裡,與我們的四號人格交融。

四號人格速寫

敏銳覺察：我與萬物合一，我覺察得到，我和周遭一切享有相同意識，我在意識裡面，意識也在我裡面。儘管不可見，我們卻互相影響。我們可以訓練自己感受意識，訓練自己知道意識的存在。

廣闊無垠：我願意接納各種可能性，重視全貌，以及我存在的完整性。我不怕「小我─自我」缺席，我知道自己很完美、完整，而且美麗，就是自己現在的模樣。我們存在於萬物合一的能量之中。

互相連結：在宇宙流的意識中，我接納這部分永恆、全知的自己，與萬物合一。我冥想或祈禱時，會與這個空間產生共鳴。我們每個人都是人類網路中的一組神經元，我們是宇宙流的一部分，在分子層次緊密連結。

順應接受：我可以選擇接受生命應有的樣貌，順應人生的發展，感受到平靜自適。若現實不符合設想，我也可以讓事情照著我的想法發展，甘願承受。

接納變化：我喜歡眼前的一切，也為此慶賀，當此刻、此生、此愛、此經驗消逝後，我對曾經擁有而心懷感恩。人生是一連串與時俱進的變化，我敞開心胸，接納所有變化，並對後續的變化抱持感恩之心。

真實不虛：我把外界有關自己的細節全都剔除，不顧一號人格的人格面具、二號人格的陰影，甚至排除三號人格的阿尼姆斯／阿尼瑪。我握有力量，以最棒的自我向前邁進，因為這是崇高力量的意識，流遍我全身。

慷慨大方：我是整體的一部分。我若給了你，就是給你一部分的自己。我若幫助你，就是幫助我們所有人。我若愛你，就是接納你本來的樣子，我們全都會茁壯。

清晰明確：我不再因外界的運作機制而分心，我很清楚我們目的是愛人、人愛。我們人生中最重要的工作，就是關愛彼此，沒別的了。

設定意向：我已設定了意向，相信一切緊密相連，互為流動。我運用心靈與心智的力量展現出某件事時，是運用自己的力量，改變空間中原子和分子的排列，而我就在這意向的進展軌道上。

坦露脆弱：我做為宇宙意識走進生命，可以登入四號人格赤裸裸的模樣，在脆弱中挺立。我讓你目睹我原本的樣貌時，也賦予了你這種能力。

認識你的四號人格

和討論其他人格一樣，如果你現在想跳過這些問答，就請跳過吧，有時間再回頭深入探索這部分的你。

1. 你能不能認出自己的四號人格？暫停片刻，想像自己正處在這個人格。

我中風的那天早晨，切切實實熟悉了這個四號人格，當時的我，徹頭徹尾登出左腦一號人格及二號人格。我感覺自己整個消散了，我這輩子以來認識的自己也沒了，但我仍受困在這副皮囊和這段生命裡。我失去了出生以來擁有的一切，卻在宇宙的全知意識中，感受到純粹的歡喜與恩慈。我知道自己雖然還沒死，卻和自己可能存有的面貌斷開了連結，而且仍列為一種生物。

2. 四號人格現身時，你有什麼感覺？這個人格如何讓你維持姿態，你的聲音聽起來如何？

左腦的一號人格及二號人格缺席時，我處在四號人格的意識，感受到不折不扣的平靜與極樂，每天好幾次都刻意返回這個國度。我體現到四號人格的意識時，我的視野朦朧，感官興

奮，胸腔感覺擴展，注意力集中在當下時刻，身體的疆界和邊緣滑出了覺知，我存有的本質在極度和諧與滿足的永恆狀態中壯大。我一說話，聲音會落入較低的語域，發音清楚。四號人格的意識是美得驚人的覺知，我知道有一天自己將全職處於這個狀態，屆時，將是真正重返家園。

3. 如果不認識自己這個人格，該怎麼辦？

如果你完全不熟四號人格，而且不僅辨識不了，還覺得聽起來超級荒謬、陌生、甚至危險，請放心，不止你這樣覺得。四號人格就像我們的三號人格，感覺起來會對我們的一號人格及二號人格帶來威脅，好似會讓我們跳脫神聖的個體性。不過市面上已有形形色色的技術與工具，協助你找到內心深處這塊平靜之地，這也是現今蓬勃發展、市值高昂的產業，若你想找到工具抵達那方平靜，各式選擇應有盡有。

我們所處社會傾向於左腦階層式、唯物式的價值，注重自己，注重個體，根據自己的行為而獲得獎勵，並不是根據自己的本質。右腦四號人格會存在，僅是因為生命處在平靜歡喜的狀態，感受到與萬物相連，而生命本身就是獎勵，感恩則是基本的感受。一號人格按其線性思考方式，不可能合理化及認同四號人格——我們必須直接屈就於四號人格，這種感覺可能教人恐懼。

假使你左腦的一號人格及二號人格確實強大，你可能很難登入四號人格；要登入四號人格，前提是必須有安全感，而且不僅身體安全，更是情緒感覺安全：那些不重視自己四號人格的人提出的批評指教，不會影響到自己。許多強勢的左腦人格會負向評判自己右腦的價值觀，是因為他們只相信由自己五感界定的現實。此外，幾乎沒有什麼主題會像宗教、靈性和其他無形的信仰形式那樣引發恐懼、對立或爭辯。我們有理由相信自己所相信的，而若自己相信的事物受到挑戰，通常會視為對個人的危害。

話雖如此，與宗教有關的教條和故事，是左腦語言中樞的功能，而靈性經驗以及與崇高力量的連結，則在右腦出現。你可能奉行某種宗教或習俗，但無論是哪種祈禱、念誦真言或冥想，（神經解剖學層面的）最終目標都是引導意識脫離左腦的局限，進入右腦四號人格的意識。換句話說，就是從體驗自己為個體的左腦，進入右腦，體驗與無限存有的流體連結。

若你是無信仰者，不管是無神論者還是不可知論者，都不在少數。許多人並不知道要相信什麼，所以選擇只相信自己的力量和五感。

然而，無論我們相信的程度或對象，一旦涉及腦部，理解四號人格的意識，在身體、情緒和精神方面，都可能富有療癒作用。我們一旦選擇與宇宙意識同陣線，讓自己接受療癒，就可能會驚奇的復原。我的大腦就是活生生的例證。我可以擔保

我的左腦一號人格及二號人格重新上線，並不是憑仗他們自身的力量，而是宇宙的力量與我四號人格的意識攜手合作，協助我的左腦細胞療癒。

若你仍然無法認同自己的四號人格，想想生命中那些感覺心胸擴展、心房敞開的時刻。對許多人來說，日暮時分，目睹彩虹、螢火蟲，甚至瞥見拉布列康[34] 在樹後衝刺的身影，靈魂都會特受震撼。若你沒覺察到任一種感受，有些工具可幫助你覺察更敏銳，更能打開心門，更與全知連結。若你願意拓展體驗，練習將注意力轉移到那難以捉摸的存在，就可能訓練自己「成為」圍繞自身的能量。

4. 假設你辨識得了四號人格，應如何讓這個人格表現自己？你處於四號人格多少時間，感覺起來如何？

我隨著蜂鳥哼吟而振動，跟著流星尾巴嘀嘀咕咕，沒忘了偷偷許願……幹麼不許願？總之，這些時刻，四號人格必定伴我左右，她總是在我其他人格製造的雜訊雷達下運作，這是全知、全愛的真我，與萬物合一。

我腦部的這區域深諳：無論這個世界或者我所處的環境為何，我們都很完美、完整、美麗。我處在四號人格時，還有個明顯到不行的破綻：會與黛（Doris Day）猛的齊聲高唱〈Que Sera, Sera〉。你的話，可能是和麥克菲林（Bobby McFerrin）齊唱

〈Don't Worry, Be Happy〉，或唱《獅子王》的〈Hakuna Matata〉。[35]
無論我們的年齡和所處時代，這些歌曲都唱出了四號人格的承
諾。

我吐氣時，刻意登入四號人格，讓自己由比自己更強大的
力量把持。神就在吐氣之中。吸氣則是我們的期望、我們的必
做之事，是我們的表現、我們的自力更生，更是我們的自我判
斷、以及焦慮難耐。但當我們放下這些，放棄對自己渴求事物
（而非事物本身）的執著，我們的四號人格會現身慶賀。

我經由練習，將意識從我的正常焦點轉移出來，將世界上
持續的噪音推向背景，並將注意力帶至那些無以名狀的事物。
我一專注於呼吸，立刻就能將覺察轉移至當下時刻。我一思及
呼吸，就會脫離過去或未來。我一處在當下，就會與感激之情
產生連結，允許意識轉移到唧唧呀呀的小溪流，同理感受其他
人的笑聲、眼淚和恐懼。

我任自己擴展，將自己的能量編進田野那片麥穗，而我處
在這片草樹的動作中。根據〈馬太福音〉6 章 28 節：「你想野
地裡的百合花怎麼長起來；它也不勞苦，也不紡線。」[36]百合花
單純這個模樣，相信這就正是自己存在之目的，是自己的處事
之道。

四號人格是我們的神祕自我。我們知道自己不僅由大自然
把持，還是昆蟲表演交響樂般雜音時，那漸次加強的聲響。太
陽光束穿越雲層、爆炸開來時，我們就是陽光光束；水面波紋

一圈圈向外蕩漾時，有如諸位愛人現身捎來的情書，而我的四號人格負責解讀鑲嵌其中的摩斯密碼。

5. 你能否根據四號人格的特質，取個好名？

我熱情率性的替四號人格，取名為「蟾蜍女王」（Queen Toad）。我叫她女王的原因是，嗯，她就是女王。她是我那高貴王族的部分，與萬能的神連結。我叫她蟾蜍，因為我是傻乎乎的蠢蛋，在一片睡蓮上生活——其實是一艘叫做「腦波」（*BrainWaves*）的小船，我每年住在船上五個月。

我體悟到，我不必太認真看待自己，因為我既是宇宙的中心，也不過是一個星塵顆粒。我的四號人格不僅是我的生命，還是我無所不在的那部分，感受起來，彷彿永恆的愛。

6. 在你人生中，哪些人的四號人格曾經正向或負向影響過你？你的四號人格因此壯大膽識，還是遭到壓制？

我中風後，並不想放棄這種覺察：我們真的完美、完整、美麗，就像我們現在的模樣。所以我向自己發誓，我只會恢復到能讓別人覺得我正常的程度，換句話說，我當回正常人類付出的代價，就是無法與「無限存有」產生澈底的連結。不過，我還是決定復健，因為如果我不復原，這場中風就頓失意義，

我就沒辦法和大家分享中風的經驗、以及與神連結的體悟。

經常有人問我，是否可以任意回到四號人格的那個空間？其實大多時候，我是選擇住在四號人格那裡，然後造訪這裡。我是一個四號人格，再附加三號人格、二號人格、一號人格的技能組合與迴路，在這世上以生物的角色運作，但我仍清楚明白，蟾蜍女王正是榮格所稱的「自性」，而我意識的其他部分，包括海倫、愛彼、乒乓，只是我用來度過這個人類生活的其他人格。

我很喜歡和其他人的四號人格碰面，他們真的是生命這塊錦繡上添的花。你不妨聚集四號人格，好好觀賞火花紛飛、風馳電掣、愛大爆發的場面。我們如神般聖明。

7. 你身邊有誰會欣賞、關心、認同你的四號人格，並想與之同遊？你們的相處情況如何？

有些智慧箴言來自我的摯友傑西夫（Jerry Jesseph）醫師：「身為人類的我們很困惑，而且愈來愈困惑。」我敢放心的說，若徹底沒覺知、不尊重或不正視我們任何人的四號人格，就是我們人類中最困惑的那群。

話雖如此，我有許多親密好友都以強大的四號人格之姿過生活，我們彼此誠心接納，付出真愛，全心支持，用心呵護，保持同理，秉持良善。四號人格碰頭時，彼此心照不宣，築起

的關係令彼此滿意踏實。

還有誰喜歡我這人格？和我結伴同行的旅人，他們正在尋找或挖掘自己的這部分。那些在這領域存在的人，和我一起在星辰間翩翩起舞，深知時空之間沒有分隔，是故，我們永遠不需要在此生相遇。然而，當我們在此生相遇，就是神聖的連結時刻，心心相印。

8. 有誰無法和你的四號人格好好相處？

我的四號人格是純粹的愛，無論你所處的人類境遇為何，我的四號人格都能看見完美、完整、美麗。這是母親無條件愛自己孩子和其他孩子的那個部分。我們自己的這個部分，眼裡無陌生人，我們說道：「父啊！赦免他們；因為他們所做的，他們不曉得。」（出自〈路加福音〉23 章 34 節。）

此時，耶穌在我們裡面。四號人格獻出無條件的愛，每時每刻的愛。

四號人格慈悲滿懷，善良和藹，心胸開放，是安全居所。若有人經歷不順，我的四號人格會和婉相待，不吝給予支持；縱使你對我怒目咆哮，我也可以給你溫暖的微笑，適當的拍拍抱抱。二號人格沮喪時，會感受到四號人格的包容、撫慰，獲得力量、勇氣、愛。四號人格是用來緩和自己或他人痛苦的最強利器。

9. 你的四號人格是哪種家長、伴侶、朋友？

我們必須協助兒童發育出強而有力的四號人格，因為這個人格具備實質的自我療癒力量。健康的孩子最盼望的是與他人建立真正的連結，我們身為家長或朋友，可以樹立榜樣，讓他們親炙與崇高力量建立健康連結的意義。

我們若認同萬物合一，重視由「一」那條線上串連起來的萬事萬物，就可以敞開心胸，將評判的尖角磨圓。我們有能力邀請孩子覺察當下時刻，但更可能出現的情況是：由孩子帶領你進入那段對話，畢竟我們是在四號人格意識中出生。

我母親吉吉此生給了我許多豐盛贈禮，其中一項是：小時候的我儘管惹怒她，儘管她不太喜歡我的舉止，她一直都真心愛我。此外，母親始終走在成長的道路上，在我一生中，她任我成長，任我改變，不將我局限在昨日的自己，任我從壞行為中長大，不會死拉住我。

我大學畢業時，從印第安納州開車到加州，想當美利堅河的導遊。有位和我體型差不多的女生蕾吉娜（Ragina），自告奮勇，教導我在急湍中划船。蕾吉娜親切又厲害，當時已有十三年資歷，她說，我得學著用大腦划船，別老是用背部，男生可以用肌力逃脫困境，但體型較小的女生無法。那年夏天，我在河上成長，遇見自己最好的部分，遇見我想成為的那個部分。我遇見自己的四號人格了。

　　我返家後，母親發現我的變化，也從來沒有推促我變回原本那個較小的自我。我中風時，母親認識了我的四號人格，而她深信自己的工作是和我齊心協力，幫助我成功療癒自己。母親是我第一個也是最棒的恩賜，她撫養了我兩次。

　　樹立榜樣，使別人看見自己如何在大自然的簡單物事中，找到抽象與具體的神聖，就能協助別人更清楚看見。我有個朋友和我一起散步時，在人行道上看到蟲子，必定會輕輕撿起，放回草坪。確實啦，這種做法挺不錯，但若遇到下雨天，蟲蟲大軍出動的大陣仗……我發現自己的左腦開始質疑撿蟲是否明智，而我的右腦則思索，也許該去釣個魚了。

10. 你的四大人格相處情況如何？你的四號人格和其他人格如何互動？

　　蟾蜍女王不只愛大家，更是愛本身。她尊重並支持海倫，讚揚海倫努力維持生活秩序。愛彼跌跌撞撞，落入焦慮或痛苦魔掌中時，蟾蜍女王會適時伸出援手，照顧愛彼，彷彿事先安排好的橋段。蟾蜍女王很欣賞乒乓，但必須經常提醒她，雖然我們接受死亡與瀕死狀態，但若乒乓願意合作，協助我們活得好好的，我們也很感激。目前為止，乒乓都聽進去了，我們也比以前更早離開雷電交加的水域。

請回答：認識你的四號人格

1. 你能不能認出自己的四號人格？暫停片刻，想像自己正處在
   這個人格。

   _____

   _____

   _____

2. 四號人格現身時，你有什麼感覺？這個人格如何讓你維持姿
   態，你的聲音聽起來如何？

   _____

   _____

   _____

3. 如果不認識自己這個人格，該怎麼辦？

   _____

   _____

   _____

4. 假設你辨識得了四號人格，應如何讓這個人格表現自己？你
處於四號人格多少時間，感覺起來如何？

_____

_____

_____

5. 你能否根據四號人格的特質，取個好名？

_____

_____

_____

6. 在你人生中，哪些人的四號人格曾經正向或負向影響過你？
你的四號人格因此壯大膽識，還是遭到壓制？

_____

_____

_____

7. 你身邊有誰會欣賞、關心、認同你的四號人格，並想與之同
　　遊？你們的相處情況如何？

_____

_____

_____

8. 有誰無法和你的四號人格好好相處？

_____

_____

_____

9. 你的四號人格是哪種家長、伴侶、朋友？

_____

_____

_____

10. 你的四大人格相處情況如何？你的四號人格和其他人格如
何互動？

_____

_____

_____

第八章
大腦會議

—— 找回內心平靜的利器

我很愛看我四大人格的互動；四大人格畢竟共同活出我的人生。四大人格輪流掌舵，迅速接手，而我真的獨自體現了全部人格。

我的一號人格海倫，可能是和我在臺上受訪，講授大腦知識；頃刻之間，或許換三號人格乒乓跳進我的意識，搶走麥克風，全身都當成講解用的道具。相信我：海倫絕不可能在那邊賣弄身體。不過，海倫現在並不會震驚或難為情，反而已學會欣賞乒乓，而且海倫發現，其實自己和聽眾一樣，常覺得乒乓好逗趣，又很會教。海倫試圖輕鬆講解的嚴謹內容，乒乓改以自身經驗來說明，聽眾就很容易吸收重點。這件事乒乓最在行了。

你愈熟悉當下自己內在是哪個人格，就愈能放心展現各個人格，離全腦人生愈近。我觀察四大人格多年，發現他們大部分行為都相對可預期。海倫喜歡在辦公室出沒，電話上周旋，四號人格蟾蜍女王勢必等我在自然步道散步時，才會現身，乒乓則是至少要等到真正有趣的事情發生，才會跳出來，伴隨著腎上腺素飆升。四大人格的行為模式多少符合本性，你愈願意仔細觀察原生的他們，你（和四大人格）就愈能感受到全腦生活的自由。

這本書的宗旨之一是協助你我的四大人格培養健康關係，尤其，如果希望大部分為正向互動，有益於活絡生命，更需要不遺餘力的推廣。我們確實有力量時時選擇當下想要體現的人

格，請各人格出席大腦會議，則是執行最佳行動的關鍵。當我們集合四大人格，請他們談論生活大小事，各抒胸臆，來場有意識的對話，這種大腦會議，真正意義在於探勘如何掌握自己的力量：我們在這世界上扮演什麼角色、要怎麼向世人展現自己，要如何為自己的行為舉止擔起全責，要如何選擇讓外界影響自己的思維、情緒、感受、行為。

🧠 心靈之錨

我們若任憑四大人格像自動導航般過活，四大人格會按照自己的意思做事，可不會真心考量我們實際上得以選擇的另一條出路。四大人格參與大腦會議時，有如參與運動賽事，在場上分別提出觀點，再為下一步共同制定最適宜的策略。無論我們自身以外發生什麼事，都能定期帶著恰如其分、平和自適的決議，走出大腦的會議室。

選擇參與大腦會議，代表我們各就各位，準備邁向成功。假使我們真的想帶著明確目標過生活，就伴著熱情、按部就班執行吧。只要召開大腦會議，特別是四號人格能參與對話，十之八九會收穫豐碩果實。

正如腦部其他神經迴路，若能在日常承平時期，花愈多時間練習召開大腦會議，迴路將更穩固，終有一天，大腦會議會自動自發召開，成為新習慣。想像一下，大腦會議整天都能自

動自發的召開，而且你一感覺情緒受觸發，大腦正常反應就是
開會，相當嫻熟這流程的你，會過著有何不同的生活？

認識我的四大人格，並和他們一起從生疏到自在進入大腦
會議，最棒的大禮顯然是：當我感覺孤立，禁錮在二號人格的
悲情小劇場或痛苦大牢中，那部分的我並不是獨自一人。二號
人格愛彼若陷入悲傷或絕望的循環，我們只要召開大腦會議，
任何孤立或絕望的感覺就會倏地消失。我的右腦三號人格及四
號人格不可能感受到情緒上的孤獨，畢竟他們存在於集體的完
整意識中。

但是，當愛彼真的感覺到和理性的海倫（左腦一號人格）
斷開連結，也和乒乓（右腦三號人格）及蟾蜍女王（右腦四號
人格）的集體意識斷開連結，她會澈底遭到絕望的迷霧吞噬，
眼前漆黑一片。我若體驗到此種程度的脅迫，只要能覺察四大
人格都在，可以隨傳隨到來開會，我的心就定了錨。

＊＊＊＊＊＊＊＊＊＊＊＊＊＊＊＊＊＊＊＊＊＊＊＊＊＊＊＊

在我澈底遭到焦慮或恐懼包夾的時刻，

我只要知道自己的其他人格依然存在，就會受到撫慰。

＊＊＊＊＊＊＊＊＊＊＊＊＊＊＊＊＊＊＊＊＊＊＊＊＊＊＊＊

我就是個活生生的例證：培養召開大腦會議的習慣，將可
邁向更全面的全腦生活。每隔一陣子，我的小愛彼都會遭焦慮

侵襲，氣脫委頓，軟弱疲乏。我以前都不會事先知道這種焦慮何時來襲，而一旦發生，我的大腦就像是給捲入情緒反應的內在龍捲風，脫困不了。但現在多了緊急召開大腦會議的選項，真正救了我一命。如今，小愛彼的情緒壓力迴路一旦開始加速運轉，我已具備一套功能完善的利器，可維持心平氣和，緩和生理反應。

要是你也會焦慮，應該能知曉壓力迴路的高超能耐——那是會劫持你整顆腦袋的強度。原始的驚懼、焦慮，甚至恐慌發作，全都有能力讓我們六神無主，害怕、絕望、脆弱、孤立，全都撲上。在我澈底遭到焦慮或恐懼包夾的時刻，我只要知道自己的其他人格依然存在，就會受到撫慰。就算我可能已經感覺不到他們，仍會知道他們就在一旁，殷切注視著我，等到能量集中、再度湧上而擴及他們的時候，他們就能挺身而出。

大腦會議協助我活過靈魂最黑暗的時刻，我深信，這項利器也能在你所需時候，帶領你度過難關。

如果你沒親身體驗過嚴重焦慮，或不知道那種感覺，可以想像一下，腦部和身體的所有能量突然一湧衝上那群負責下達戰鬥、逃跑或裝死指令的邊緣系統迴路細胞，耳朵聽見你血液中的咆哮，心臟大聲砰砰跳，你無法清晰思考或直接看見，你整個身體感覺遭到實體的殘暴攻擊，你被甩出去，失去平衡，你的二號人格被沖出警戒範圍，無法招架，疲乏不振。

我們是會思考的感情生物，不是有感情的思考生物，記得

為什麼嗎？二號人格的情緒警報一觸發，焦慮、憤怒、或恐慌發作，全速運轉，此時我只消知道其他人格就在身邊，隨時可以召開會議，就堪稱撥通生命線了。

習慣召開大腦會議，為我的人生還帶來一樣絕妙好處：我一直利用這項工具，訓練自己輕鬆辨識四大人格並任意體現。如今，我如果隱約感覺到，二號人格的情緒反應在我的意識裡蠢蠢欲動，只要理智知道其他暫時斷開連結的人格仍在某處，就能將注意力轉移，不與二號人格互動，僅止於靜靜觀察。

在能量層次上，一旦我在知覺方面改為觀察，而非互動，著重刺激情緒迴路的能量球便開始消散。隨著密集的能量焦點開始擴大，會重新滲入腦部其他區域，再過幾刻，我的其他人格即可重新上線，重新進入我的意識，參與大腦會議，拉二號人格一起坐下。此時，一號人格會出面確定我們目前的人身安全，三號人格會發揮想像力，開始沙盤推演，找出可行策略，四號人格則會予以包容——她知道，就算事態嚴重，無論發生什麼事，我們都會好好的。

🧠 五十兆個分子天才

當我經歷腦中風，左腦下線，我將那組成我身體和大腦的五十兆個細胞，想成漂亮的小生物，每一個都有自己的意識，我接著諦聽他們的想法，與他們懇談。我重視他們的勤懇，告

訴他們，我有多需要他們協助我療癒，還替他們加油打氣。我仍將復原歸功於腦細胞，也持續表彰他們的勤懇不懈，感謝他們，每天每日推動細胞療癒。

我深信我們的細胞具備治癒我們的力量。我當然重視正規醫療，尤其認同緊急醫療處置，但我確實相信，若對自身具備的療癒力有那麼一點信念，就得以在細胞群中培養互敬互信、健康有益的團隊精神。我們由五十兆個分子天才組成，共享四號人格的共通意識。宇宙意識和我們細胞的四號人格意識得以互相結合，若我們願意運用兩者的力量，就會慢慢痊癒。

我的腦部遭逢摧殘時，唯有我的四號人格意識留存。我一決定要拚命復健，願意忍受專注於外界事物的辛苦與煎熬，我的四號人格就開始擔起全責，付出愛，指引所有細胞投入療癒工作。我大腦與身體的所有細胞以集體意識之姿，攜手合作，雖然我也不知道自己最終會療癒多少、復原多少，我的所有細胞還是和我一起整合資源，集體發揮宇宙意識的力量。

如今的我完全復原了，也依本書所定義的方式界定四大人格，重視他們的貢獻。我視四大人格為四大個體，不過，他們仍是我全腦的各個區域，我諦聽他們的需求，並予以照顧。我的四大人格在許多方面都像孩子，希望有人細聽、有人認可；慢慢深入了解每個人格，讓我生活的點點滴滴比較好預料，而且不僅便利我自己，也造福身邊的人。例如，電話響起的第一聲，我的一號人格必會快手接起；要是朋友打來，直接進入語

音信箱，朋友完全知道我的三號人格正手忙腳亂。

我的四大人格各擅勝場，但身為個體，還是各有自己的一套價值觀。晚上的訂婚宴，一號人格會打扮得宜，準時到場，四號人格可能會直接略過，才能待在外頭，與日落私語。除非我行程緊湊，否則我會任憑四大人格輪流引領生活——我是不是神清氣爽，準備好以海倫的姿態出門，獻出精力？還是我打算以蟾蜍女王的姿態外出充電，融入大自然？

不妨想想，如果我們完全支持彼此的四大人格，會為這個世界帶來多少真正的祥和。

🧠 大腦會議有益於你我

為了做出明智決定，我們必須知道有哪些選項。我以前還沒透澈理解四大人格的內涵，除了非黑即白的明顯選項，還真的不曉得該如何選擇其他替代方案。雖然我通常滿意自己的決定，但有時候我（應該是乒乓或愛彼）做決定後，才意識到要是先停頓一下，開個大腦會議，或許會議後的決定會更明智。我發現，大腦會議降低了不安全的感覺，有助最真實的自我發聲，而這真我，事實上整合了所有心聲。

運用大腦會議這項工具的好處多多：第一，要召開大腦會議，我得按下暫停鍵，基本上等同於我在第一部〈大腦導覽〉說明的九十秒法則：暫停九十秒，可以讓任一種化學物質透過

血流蔓延到全身，然後完全消散。我心智一回到清明澄澈的狀態，不再有之前的感覺，即可將四大人格邀入對話，制定更適合的決策。

第二，大腦會議鼓勵四大人格吐露心聲。我的大腦有如民主制度，投票之前人「格」平等，但我遭遇危險時除外。每個人格都覺得受到傾聽，也傾聽其他人格的意見、希望、需求、想法，若達成協議，代表一致通過。

如此造就了大腦會議的第三個明顯好處：我運用此工具所做的任何決策，皆有四大人格支持，也皆有四大人格的共識，得以聯手推動。我以此種方式掌握自己的力量時，我深信，自己做出了最適當的選擇。這項工具能促就健康的全腦生物，而我因為運用此工具，讓真實人生成為健康的全腦人生。

＊＊＊＊＊＊＊＊＊＊＊＊＊＊＊＊＊＊＊＊＊＊＊＊＊＊＊＊

我之所以定期召開大腦會議，

最重要的原因是：這是實現最佳自我的路線圖。

＊＊＊＊＊＊＊＊＊＊＊＊＊＊＊＊＊＊＊＊＊＊＊＊＊＊＊＊

但同樣重要的是，由於我了解四大人格，明白他們的一切以及重視的事物，我開始能看見四大人格在我周邊人士身上扮演了何種角色。我對你這個人的覺察，有助我站在絕佳的制高點俯觀，藉此設想與你互動的方式。我的起跑點並沒有比你前

面，但我確實因此更能洞悉如何才能最有效與你互動、提供支持，畢竟我一直都希望來段心平氣和的對話、協商、決議。

釐清對方的想法，溝通起來就會更清楚明理。愛別人本來的模樣，不需要別人改變，來成就自己的安全感，也是一種恩賜。每段人際關係都有八個人格，每個人格都有個別需求、意見和欲念。體認對方的四大人格及個別需求，有助勾勒溝通要點，達成溝通時和睦融洽的目標。舉例來說，假使我和你產生了衝突，我可以運用大腦會議讓自己先退一步，冷靜評估自己的回應，不會直接衝動反應，於是我可以清晰評估你的情況，更設身處地聆聽你的想法。

在我日常生活中，大腦會議已證實是快速精準溝通的絕佳利器。例如有一天，我打電話給主要人格為四號人格的朋友，她接起電話，我們開始聊天，我說：「等等，我們找你的四號出來聊之前，先跟我說，你的一號還好嗎？」她描述了一號人格手上的計畫與進度。接著我問了二號人格，她說，她的二號人格感覺特別溫和，因為她前一天和狀況不太好的家人碰面。接著，她脫口而出描述三號人格忙於投入的奇遇，最後，我們回到主題：她的四號人格。僅僅五分鐘內，我們暢聊了彼此的八個人格，深度交心，其樂融融，清晰無比，舒爽開懷。我倆都很感激可以使用四大人格的用語，來對內自省，對外交流。

運用大腦會議自省，有助我們決定自己要改變哪些地方，是想變成哪種模樣呢，想改變展現自我的方式嗎，還是想改變

與別人產生連結的方式。我發覺自己每次開車去找我媽吉吉，基本上是以三號人格的身分去，而不是一號人格。吉吉希望規劃行程，決定我們要做什麼，所以要是我想維持和平氣氛，前往她家的路途中，我就會有意識的請海倫安靜，讓乒乓暖身。這是我和吉吉拉近關係的神奇人格組合。你生活中應該也有一些和我相仿的*互動*。以這種方式釐清兩人的互動模式，也是一種關愛彼此的方式。

不過，我之所以定期召開大腦會議，整體來說，最重要的原因是：這是實現最佳自我的路線圖。大腦會議這項工具讓我左腦的「小我—自我」有發聲的機會。但說到底，我最希望帶入對話的聲音，是那個無條件付出愛的四號人格。我知道，我一進入大腦會議，必須等到四大人格都到場發表意見、做出結論後，才會解散。按照平常慣例，我的四號人格蟾蜍女王一現身，海倫、愛彼、乒乓才會放鬆，而我會踏出最適當又充滿愛的一步。

大腦會議執行方式：你一言我一語

執行大腦會議，勘可比擬你整個人的舒緩膏。我在第三章〈大腦最佳團隊〉提過，我們有意識又刻意的召來四大人格加入對話，這個過程富含能量，又能賦予能量，我還發現這樣子有夠踏實，超級撫慰人心。

我將大腦會議視為找回內心平靜的利器。以下將概述成功召開大腦會議的步驟，詳述各階段帶來的力量。

大腦會議的五大步驟，縮寫簡單好記，就是大腦的英文：BRAIN，即使憂心如焚、驚魂不定、委靡消沉，也容易憶起這個縮寫。當我情緒反應激動、難以招架或疲軟低迷，運用這項利器，可以重新校準大腦。但願大腦會議在你身上，也能發揮良效。

B = BREATHE（呼吸）

呼吸，能讓我按下暫停鍵，將我的心智帶到當下時刻。

就神經解剖學層面而言，我們人腦的力量並非在於腦細胞互相激發的方式，而在於互相抑制。人腦各區域很容易激動、興奮、失控，必須要夠成熟，才不會過度反應，才能阻止迴路自動運轉。我們是否願意按下暫停鍵，正是啟用大腦會議力量的關鍵。

就我所知，讓生理反應暫停的最佳辦法，就是將注意力放在當下時刻，專注於我的身體和**呼吸**上。一旦我的覺知深植於此時此地，即可避開思考迴路與情緒迴路那自動啟用的習慣模式。不管我現在體現了哪個人格都沒關係，重要的是，我一放下手邊事務，專注於**呼吸**，中斷迴路，就能創造容納新氣象的空間。

　　我專注於呼吸時，流經感官系統的想法、情緒、動作等刺激、以及對各種刺激的自動反應，都等於按下暫停鍵。組成迴路的神經元之間有了空間，這時，我也有力量立刻阻止細胞之間的溝通。我不需要再讓過時的制式反應運作，那些僅是來自往日、深埋於大腦的機制，如今我可以做出新的決策，有意識的打造新迴路。我們一次次選擇這新迴路，新迴路便會逐漸穩固。多加練習，熟能生巧，確實有助大腦迴路運作更順暢。

　　我一專注於呼吸，即可安全緊密的和我整個人產生連結。我默默信任自己的呼吸，一如往常，呼吸彷彿撫慰人心的泰迪熊，只要我活著，就與我相伴。對我的四號人格意識而言，宇宙就是我身處並呼吸的子宮，我也感知到自己是由永恆之流的全能意識所呼吸，宇宙呼吸吐納的是我，而我之所以有生命，是因為宇宙支持我的生命。我以此種方式思考我的呼吸，感受自己的意識擴展了；要是感覺到一陣強烈敵意或焦慮襲來，此種思維特別有所助益。

　　若我進入大腦會議前，仍持續發揮一號人格的技能，我會深呼吸，暫停一下，之後可能會選擇回到一號人格的意識，但稍微比較放鬆了。一號人格擅長運用生活細節，因此，輕鬆登出與登入這個一號人格，定期放鬆、放空，有助療癒我整體的身心健康。

　　大家都知道，起身動一動，小歇片刻，補足元氣，認真做別的事分個神，打斷左腦持續進行的工作，在神經學層面得以

讓大腦中斷壓力迴路，還原到預設狀態，頓覺通體舒暢，心胸開朗，足以接納新的洞察與可能性。左腦若深陷泥淖，想不出解方，寫不出人話，中斷一下，尤其有效。

我專心呼吸，刻意將對身體的覺知帶到心智前線，此時我喜歡澈底轉移至四號人格，藉此感受到偌大的感激之情，感激自己是此段神奇的生命。

在這個層次的覺知中，我善用呼吸，有意識的以神經調節自發性神經系統。我透過解剖學家的視角，忍不住思量過濾出氧氣的肺部半透膜，以及受到物體吸引、又被其他物體排斥的單一細胞半透膜，並辨認出相似處。此生與不在的此生，僅有一線之隔，而呼吸正是關鍵。

🧠 R ＝ RECOGNIZE（體認）

體認目前是四大人格哪一位在做主。

此時此地，我有能力暫停，有能力深呼吸，專注於做自己的感受，接著體認自己是哪個人格迴路在運作，面對的其他人又是哪個人格。我也可能會體認到四大人格都在麥克風前支支吾吾，因為都有大事宣告。

當我感覺到自己著重細節，埋頭苦幹，蒐集整理資訊，或是採用方法朝著最終目標前進，此時的我可以體認到自己處於一號人格。一號人格的我極度自律，享受大權在握，有權控制

自己、情勢、他人時，則樂在其中。凡事皆有是非對錯，所以我特別擅長建立有效率的系統，並逐步修正，完善系統績效。我以精準、效率、能幹聞名，做事臻至完美時，滿足感勃發。

一號人格的我以線性思考，面對多階段的專案，依循邏輯從第一階段開始。我畢竟天生就是工作大師，解決問題最適合我。我很容易體認到自己處在一號人格的「做好做滿」迴路，也很容易體認到別人的一號人格。

但要是我感到受傷、孤單、遭拋棄，或某件往事、既有的敵意或不公義之事在腦袋裡咯咯作響，導致我五味雜陳，盛滿情緒，我很容易就體認到已觸發二號人格。我任何時候對未來染上焦慮，驚恐自己沒人看見、沒人聽見，懼怕自己的舊傷口隱隱發作、卻沒受到公平對待，我很容易就體認到二號人格已如臨大敵，打算挺身保護我，還想協助我滿足身心需求。

幸好，我幾乎馬上就能體認到二號人格占據身體和意識。二號人格感覺起來很沉重、煩擾、絕望，彷彿危機四伏的世界末日已然降臨。二號人格感覺起來刺骨，喉嚨很緊，下巴左半邊疼痛。我會變得超級專注，感覺厚重烏雲籠罩著整顆腦袋，也覺得自己從其他人格分割出來。羞恥、愧疚、難為情、直接歸咎給別人的衝動，都是二號人格為了抵禦威脅，而啟動的制式反應。

我們每個人都必須訓練自己立刻體認到二號人格已上線，如此一來，才可趁我們表現出來之前，充分理解及管控二號人

格的痛楚，滅除可能爆發的怒火，避免我們的人際關係或生活遭毀壞。

我解除二號人格敵意的方式是：體認到這個二號人格已受觸發，於是立即按下暫停鍵。在我說出或做出以後可能會後悔的事情之前，先刻意讓二號人格冷靜下來。對我二號人格的天生迴路感到羞恥或內疚，只會讓我更難療癒她，因此二號人格若受觸發，我就施行九十秒法則，這九十秒有如休止符或「數到十」的功效，讓我有時間重新調整情緒。我的二號人格在極端壓迫下，會體認到自己遭到強行挾持，不過，BRAIN 一詞會浮現心頭，幫助二號人格記得，自己並不孤單。

相形之下，當我體認到自己處在興高采烈的三號人格，代表我真的神采飛揚，稍有一點躁動，旺盛活力從皮膚底下整個蹦出。腎上腺素從我全身流瀉而過的感受異於其他，我可以立即體認到這種噴薄而出的能量。我若覺得活在當下，關注眼前時刻，而且還想和別人一起玩樂、交流，就能體認到自己現在是三號人格。此外，我若覺得自己藝術或音樂創造力激增，好奇心強烈，就是三號人格正在舞臺中心。

但三號人格未必都處在高興狀態，因為有時候眼前的危險會使情緒高漲，觸發右腦警報反應，這很容易體認得出來，也容易和二號人格的威脅反應區分。

二號人格的情緒受觸發時，感覺千斤壓頂、氣力流失、心煩意亂；三號人格則彷彿一股血液能量，須臾之間，洶湧進入

四肢,準備好戰鬥或逃跑反應。我感覺想從皮膚裡跳出去,還有股怪異的加速感,刺骨的熱意洪水般壓上脊椎,擠壓出的淋漓汗水,宛如岩漿河爆發。

在我身邊的人看到我三號人格這樣觸發,當然驚詫不安,不過,我內在感覺到的痛苦也同樣教我警鈴大作。我知道這種反應是大腦的固有設計,旨在拯救自己的命,所以,一旦我感覺防洪閘門開啟,**體認**到洪水捲了什麼來後,就盡力後退,任此反應偷偷退散。我們的監獄裡關滿初犯,他們都是任由三號人格瞬間全速進犯。想想,要是有能力召集他們的四大人格來開個會,或許就能避免他們發洩一時,做出之後可能懊悔的事情。

四號人格榮光耀眼,我必定喜悅自適,很容易**體認**到,也可以好好享受。我感覺十足滿意時,胸腔有一股擴張感,深深感激生命帶給我的現狀,這就是四號人格的神經迴路在我體內運轉,很容易**體認**。我秉持這種心態,心靈平靜,充盈著深切感恩,縱使我另一人格盼望的可能是其他事物,我也感恩一切現有的面貌。即使二號人格霸占我的注意力,我感受不到四號人格,仍可以**體認**到四號人格無時無刻不在,而且隨時都等著我登入。

我若**體認**到現在處於任一人格,都能確知該人格的特徵與表現,我與該人格的覺知之間,也會有更緊密的連結。我一集中精神,知曉自己正在體現的人格,就能與她產生連結──僅

僅是這麼簡單的一步，我就能與自己的任一人格產生連結。我若體認到自己四大人格的價值，便不需要外人替我確認，我自己便能明瞭四大人格分別展現的樣貌，知道自己這樣就夠了，我知道自己不僅值得人愛，自己更是愛的本身。

我與你產生連結的方式，也是同樣的道理。唯有在我夠關心，集中精神體認你當下處於的人格，我才能真正與你產生連結。我如果想看透你、從心底了解你，就必須先體認到你以哪個人格與我會面。如果你以一號人格赴約，可能寧願聽到「你做得很棒」之類的肯定，而不是「你點亮了世界」這類適合四號人格的讚美。

如果你以二號人格出現，或者該說，尤其如果你以二號人格現身，我則需要好好體認到這點，接納正處於痛苦的你，調整我的感情，對接你的能量，敞開雙手歡迎你，支持你想讓人聽見的需求，全心愛你。

我必須體認到你的苦很疼，悲傷很痛，我才能以四號人格現身安撫你；或者，如果你遭恐懼摧殘，遭焦慮踩躪，我的一號人格可能需要挺身而出保護你。假使你以二號人格現身，我卻罔顧你的需求，等於錯過了與你真誠連結的黃金機會，等於我沒有好好把握這次時機，和你最溫柔脆弱的部分聊聊。

我們願意體認自己與他人目前在場的人格，才是真誠產生連結的途徑，得以建立「親密關係」，或可謂之：「親」炙你私「密」的那一面，並與之建立「關係」。[37]

🧠 A ＝ APPRECIATE（欣賞）

　　無論我們能否覺察到四大人格的存在，都要**欣賞**任何在場的人格，**欣賞**四大人格常伴左右的現實。

　　當我**欣賞**無論何時展現出的人格及她的天生價值，除了體認到那個人格，也有意敬重那人格的技能組合。當我們聚焦、確知並**欣賞**四大人格的強項，便賦予自己和四大人格互動的能力。事情再重要，都比不上我們尊敬自身的重要；我們尊敬並**欣賞**各人格展現的天賦，即是最能與他人建立連結的方式。

　　此外，當我遭到最強烈的焦慮、恐慌、憤怒猛攻，二號人格的警報迴路受觸發，我感覺和其他人格斷開了連結，但只要能**欣賞**他們都很敬業的就定位，我就可以放心的跟自己說，我沒事。就算在沮喪與絕望的時刻，我也知道一旦能量消散後、返回腦部那些區域，其他人格將重新上線。

　　我知道二號人格響起警報的方式可能有些笨拙（講話很大聲、攻擊力強、舉措不當），但我**欣賞**她，也記得她會有這種行為，是因為她愛我，想保護我，只是不知道更好的法子，這讓我更容易尊崇她認定為威脅時挺身而出的勇氣。密切注意她的舉動，**欣賞**她的意向與努力，有助她獲得安全感。

　　我移駕至大腦會議，逐一**欣賞**各人格時，我會先**欣賞**一號人格想掌權的熱忱，她打算控制我的世界的所有細節，好讓我活出最出色的人生。我知道她是這樣保護我，替我撐傘。她優

秀極了,我很感激她無一不精,管理空間、活動、人事、行程表,十八般武藝樣樣行。

二號人格是忠心耿耿的侍從,會出面保護我,我欣賞她扮演此角色的意願,感謝她讓我安全茁壯。我一旦欣賞目前正有的情緒,生命就更為豐盈。我很感激二號人格一直願意踏出當下時刻的意識,讓我體驗到過去、現在、未來的線性。我欣賞並珍視自己的二號人格時,是坐在權力寶座。我否認情緒時,會燃起不滿,內在苦苦掙扎。

三號人格接納我這條生命的驚奇感,我欣賞自己有能力品味每個稍縱即逝的時刻,還有能力認真體驗。更重要的是,我好珍惜、好欣賞她開放的心胸、她對玩樂的渴望,以及和你建立連結的熱切。

我的四號人格從容不批判,沐浴在萬物的恩慈中。我欣賞那五十兆個分子天才合作無間,讓我不僅有能力存在,你們也陪伴著我共享一切。

我欣賞自己的所有人格,依同樣理由,我也欣賞各位的所有人格,我們彼此欣賞,鞏固我們之間的連結。好比將手機充電線插入壁插時,我們可以辨識得了兩者,但要是不能對齊插好,電源就無法從壁插流進手機。

你可能會體認到我表現出的人格,但當你真誠欣賞該人格的價值,感恩該人格的存在,這個時候,我們即可齊心同力,展露持久深遠又意義深刻的連結。

🧠 I = INQUIRE（探問）

探問內在，然後邀請四大人格來開會。

一旦我按下暫停鍵，覺察到我的呼吸，體認到自己體現哪個人格，也體認到身邊的人處於哪個人格，再來就是好好欣賞彼此的人格。然後，我們該將四大人格視為一個集體，**探問**最適當的下一步。我們好奇時才會動念**探問**；我們好奇，則是因為在乎。

四大人格很善用大腦會議這項利器，齊聚一堂，為自己發聲。欲**探問**內在，先得觀察自身，再觀察身邊的人，接著觀察自己如何對身邊的人做出反應，再來觀察對方有何反應。

舉例來說，我走進一間房，發現一對夫妻以二號人格的姿態爭吵不休。此時，我最好召集四大人格私下開會，**探問**接下來該有意識的採取什麼舉措。我的四號人格已確定空氣中瀰漫火藥味，或許三號人格可以出來耍個寶，緩和一下氣氛；然而如果我對這對夫妻不夠了解，效果可能不符預期，不如帶上一號人格，幫忙後勤調度，需要時支援前線，或許這才是最佳計畫。

不久前，我開在公路上，前方車輛緊急轉彎，意外撞上一隻兔子。我開車向前湊近，看見兔子明顯受傷，但還沒抵達彩虹橋另一端。那時我感覺自己淹沒在一連串襲來的強烈情緒，於是本能的進入大腦會議。在**探問**過程中，各人格都有事情想

說。小愛彼立刻沒入肝腸寸斷的反應，手足無措，嚇得魂銷魄散。海倫則判斷是否應該回轉救救兔子，還是繼續往前開，因為當時有個駕駛不耐煩，在後頭逼車。乒乓納悶：「我的哺乳類大腦收藏庫中沒有兔子。」蟾蜍女王則直接結束這場探問，從遠處將兔子放在心中惻隱之處。我的四個人格都同意在原位替兔子安靜祈禱，傳愛過去，無論牠的命運帶牠前往何方。

假使我大多時候都以一號人格現身，經常探問就不是我的天性。我們的一號人格老是埋頭致力完成工作，不習慣探索新的可能性，因此，鼓勵一號人格暫時放下手邊事務，切換到大腦會議模式，讓一號人格探問其他人格的意見，通常是實用之舉。

我探問時，不但好奇自己是如何以哪個人格現身，也好奇你是以哪個人格現身。我們探問而感到好奇時，參與的是三號人格及四號人格，這兩個人格可以提供新穎觀點，啟用神經迴路重設機制。

探問是一種絕佳賀禮，透過探問，對方知道我們想要建立真正的連結。我們探問自己與他人時，會接受、鼓勵、邀請大家的四大人格參與大腦會議，共同擘劃，挑選出這場人生遊戲的下一步。若有人不自在，或覺得有必要行正確之事時，探問之舉尤其重要，有了探問，才能邀請大家的四大人格分享自己的獨特見解。我對自己體現的人格負責，代表我對帶進會議室的能量負責。

🧠 N = NAVIGATE（釐清）

釐清新的現狀，享受四大人格使出渾身解數的成果。

大腦會議的起始，是先有意識的暫停，深呼吸，以便將自己帶到心智前線的當下時刻。接下來，我們體認自己展現的人格，表達對該人格技能組合的欣賞，也對自己覺察到其他人格全都蓄勢待發，表達欣賞。四大人格加入大腦會議後，針對目前狀況，密集探問自己的想法，再來就該共同研議，**釐清**新的現狀。

生命是不斷變動的目標，變動才是唯一的常態。透過大腦會議，我們得以有意識的遠離天生的制式自動反應，開始擔起全責──我們要成為什麼樣的人，要如何成為那樣的人，都掌握在自己手裡。情勢會不斷變化，因此，以固定反應對付變動目標，必然失敗收場。

若我們想成功，四大人格必須各就各位，認真**釐清**人生現狀，並彈性應對其他人展現出的任何人格。舉例來說，我剛買了一件襯衫，但走出服飾店，都到停車場了，才發現襯衫上頭有汙漬。不用想也知道，我的四大人格都有意見。愛彼覺得很嘔，忍不住抱怨，海倫想立刻回店裡要求換貨，乒乓開心細數著黃黃點點，蟾蜍女王知道我們時間很充裕，一切會沒事的。

在**探問**階段，我的四大人格決議：這件事最好交由海倫處理，所以我們跟著海倫回到店內，換同款式的襯衫。在服務

臺，我們可能會遇到任何人格。一號人格店員重視顧客體驗，希望我心情好，可能領著我回到襯衫區，幫我找到替換品。二號人格店員可能比較恪守規矩，堅持要我填寫退貨申請表格，然後我得自己去找一件新襯衫，再排隊買一件。三號人格的店員或四號人格的店員可能只會擺個手勢讓我換貨，不用麻煩。無論我們遇到哪種人格的店員，我的每個人格都會釐清現狀，彈性因應。結果若是和二號人格店員應對，海倫應該會故意擋住愛彼，來個深呼吸，蟾蜍女王可能選擇讚美對方，親切對待對方。我們時時刻刻釐清狀況，確定與誰應對，且戰且走。

我們確實有能力選擇我們想在這世上成為的人、想要成為的方式，而且我們對腦內所思所想握有的力量，比先前所學所知的都要大得多。我的好友尤瑞（Bill Ury，本名為 William Ury）在他的著作《從說服自己開始的哈佛談判力》提到，要開始激烈談判或釐清談判現狀時，策略是「走到陽臺」。[38]套用四大人格的用語，尤瑞鼓勵大家登入四號人格的意識，才能看清大局，展開真正的對話。我們一旦願意探詢雙方的共通點，找到排解情緒之道，即可釐清選項，創造雙贏。

啟用重設機制

正如先前所述，我們心平氣和的時候，大腦會議也是可以定期運用的絕佳利器。我一天當中會用個好幾次，只是想確定

自己表現如何。我時時磨礪此迴路，定期運轉，因此知道自己隨時可以呼喚任一人格出面，而且說真的，看著我原生的四大人格表現自己，挺好玩的。

我也提過自己在壓力山大時，運用大腦會議的方式，在我最需要時，大腦會議更堪稱我的生命線。BRAIN 這個縮寫本身就能提醒我，我的所有人格一直與我同進退，就算在我感覺不到他們的時候，也是如此。這個縮寫也指引了我：我不是孑然一身，我很好。

與人發生衝突或遭遇險阻時，大腦會議也是重設連結的利器。要記得啊，在每段人際關係或每次單獨會面的場合中，可是有八個人格在爭搶麥克風。八個人格試圖共處時，意外觸發誰誰誰的二號人格，這事並不罕見，而一旦我們的二號人格受觸發，儘管大概僅需九十秒讓情緒流瀉而出，若我們感覺不堪一擊，太快重新上前應付二號人格，結果可能再次觸發。

我們與人起爭執時，必須體認到，兩人之間的那段空間也滿載能量，正如我們自身一樣滿載。關閉神經元迴路稍微類似關閉電路，都需要花一點時間讓能量澈底中和、消散。我們的四大人格必須花點時間讓自己完全重設，避免返回緊繃或有毒的環境。

因此，在彼此之間創造實質空間，通常是好辦法，就算只是進去另一個房間也很不錯。接下來，假使雙方都覺察到自己的四大人格，也都願意參加大腦會議，如此便是踏出了重新牽

起正向連結的第一步。若只有一方願意登出二號人格，召開大腦會議，也仍有希望重新牽起連結。不過，我要重申：除非兩個人的二號人格願意登出此人格，並體現另一個人格，否則絕不可能找到出路。

無論你發現自己與人會面時陷入困境，還是發現自己情緒受到觸發，得自行摸索所處的高壓情境，大腦會議都有助你啟用重設機制。BRAIN 這個縮寫，除了證實能在日常正向情緒的生活中大大奏效，也能如霓虹燈般閃耀，助你撥開負向情緒的團團迷霧，踏入正途。若你需要拉自己一把，逃出深淵，請讓大腦會議成為那盞明燈。

預告：原生的四大人格

既已詳細刻劃四大人格的面貌，也羅列了大腦會議對危機管理和日常生活帶來的好處，接下來的第三部〈四大人格原形「必」露〉將盤點四大人格在真實生活中不同領域的表現，以我偏好的用詞來說，就是：捕獲原生的四大人格。

第九章〈與自身的連結〉將探究四大人格與身體之間的親密關聯——四大人格在你健康時和生病時，如何關懷身體，照顧身體。這世界上最重要的關係，無庸置疑，正是我們大腦與身體之間的關係，對於這段關係，四大人格如何看待、處理和培養，皆有跡可循，足可預料。

　　第十章〈人與人的連結〉將剖析四大人格在愛情關係中的互動方式,梳理身為伴侶的四大人格如何表現。我們整個世界繞著一件事轉:我們如何與他人產生連結,他人又與我們如何建立連結。四大人格各有一套價值觀,他們在我們的生命中活著,根據這些價值觀與他人建立關係。第十章將一窺哪個人格可能受誰吸引,哪些人格可能配對成功,並根據對四大人格的了解來推估互動狀況。你或許會辨識出自己一些模式,但願你能藉此釐清自己所投入的愛情,因此有所收穫。

　　第十一章〈中斷連結與重新連結〉要換個角度來考察四大人格。透過健康大腦的濾鏡看待四大人格是一回事,第十一章的主軸卻是另一回事:四大人格如何應付酗酒、成癮、復原計畫等情境。在第十一章之前,我都著重闡釋如何創造自己大腦中的健康連結,同時培養人與人的大腦之間的健康關係。不過健康關係卻可能遭到藥物和酒精侵擾,腦細胞因此斷開連結,成癮者大腦的運作及功能不僅受干擾,人際關係也中斷,更可能脫離正軌。

　　理解四大人格,應可協助創造「成功履行復原計畫」的條件。幸好大腦具備神經可塑性與神經新生的現象,我們能夠療癒,並從藥物與酒精濫用等創傷中康復。第十一章以戒酒無名會(Alcoholics Anonymous)和戒毒無名會(Narcotics Anonymous)的十二步驟計畫(Twelve Step Program)為經,大腦會議和英雄旅程為緯,並從相似點切入,論述療癒旅程上的變化。

　　第十二章〈百年回顧〉會將我們對於大腦與四大人格的觀
察，推及全人類，以世代差異的角度切入，審視過去一個世紀
以來，美國土地上四大人格的演變。第十二章亦將細究科技對
大腦與四大人格的外在表現，造就了何種影響，深入了解各世
代在神經學上的差異，尤其著重在彼此四大人格的分歧之處。

我的大腦領域，由我自己做主

　　你閱讀第三部的這幾章時，無論該章主題為何，你應該都
會發現四大人格的行為前後一致，又好預料，你也很可能不費
吹灰之力，就能辨識出自己的態度與行為。在此必須提醒，不
同情境下，你可能很容易發現自己有多個人格，儘管大家可能
都有一個主導人格，本書仍致力呈現四大人格在不同情境的樣
貌。我不認為由哪一個人格主導，有任何是非對錯，只盼你在
這趟挖掘自己的旅程中，能自得其樂。

　　也請謹記，你或許會從昔日行為辨識出某些傾向，但不必
囿限於往日的迴路設計。我們許多人以目前的迴路自動運作了
好一段時間，身心搞不好早已千瘡百孔。但如今既然你已知道
自己有選擇的力量，也知道四大人格有哪些選擇，更知道召開
大腦會議的良方，你應該可以選擇不走老路。例如，若你習慣
以二號人格面對疾病，現在或許可以選擇讓一號人格接手。抑
或是，若你以前都由一號人格出面照顧小孩，現在可能轉換一

下，用愛耍鬧的三號人格來做這些事情。

先前提過，我們對「大腦如何運作」的所知所學，從而發揮的力量，遠大過以往。歷史上滿是佼佼者，他們不僅忍過了駭人經歷而倖存，走出陰霾之時，情感與認知上也大獲力量。據說，經過一段歷經煎熬的公民不服從運動後，印度聖雄甘地（Mahatma Gandhi）表明：「未經我允許，無人可傷害我。」[39]

探究這話的本質，甘地所宣告的正是：他的大腦領域，由自己做主。而這正是我們四大人格握有的終極力量。

第三部
四大人格
原形「必」露

第九章

與自身的連結

—— 四大人格對待身體的態度

四大人格如何看待身體？

無庸置疑，這世界上最重要的關係正是我們大腦與身體之間的關係。四大人格如何看待這段不可或缺的關係呢？

一號人格視身體為載具。

二號人格視身體為責任。

三號人格視身體為玩具。

四號人格視身體為靈魂聖殿。

▶ 一號人格：身體是取得世俗成就的載具

一號人格認為身體是用來取得世俗成就的載具，所以會密切注意這部機器的性能；他們堅持每年接受健康檢查，確保身體正常運作，堅持程度勘可比擬對汽車等機械裝置的保養。一號人格崇尚資訊，深信知識就是力量，目標是防微杜漸，定期檢查才能未雨綢繆。

一號人格認真和醫師建立交情，因為身體若出問題，他們會熱絡的找權威討論，後來自己也成了那方面的專家。只要能維持良好機能，錢是小事，健康和維持健康才是重要大事。由於一號人格相當重視機器性能，也會仔細審視自己的體能，時常注意自己的感覺，要是不對勁，就會去檢查清楚。自己的身體必須自己顧，醫師、督導或私人健身教練不須負責。

一號人格定期篩檢，而且早在一年前就預約好。他們是養生魔人，定時攝取保健食品，早起上健身房，雖然討厭重訓，但若對健康有益，就會乖乖重訓，健身養生已納入行程表，對善待身體引以為傲。同時，完美主義本性使然，又往往嚴格批評自身儀表，他們極度積極維持體態，打理儀容。他們計劃活得長壽、活得有品質，會親力親為，實行自認為需要的任何事情，妥善照顧自己。

▶ 二號人格：身體是不得不承擔的責任

二號人格的作風和一號人格澈底相反。二號人格幾乎對身體無感，和健康有關的一切都教人害怕慌張，迷茫未知。他們以陰暗悽慘的態度，看待有關身體的知識，畢竟，會出錯又必出錯的事有幾百萬件，而且整個醫界從來沒有好消息，只有壞消息，每個小問題大概都是死刑宣判。死亡的概念超可怕，在二號人格心裡，自己可能死了千次萬次，但離真正大去的時間還久得很呢。

所以囉，當二號人格面對與健康有關的情況，會有兩種應對策略，一種是逃避現實，懼怕年度健康檢查，抗拒看病，另一種是小題大做，成為急診室常客，更麻煩的是，還會蒐集所謂慘絕人寰的故事，到處和人說家鄉那個誰就是有這毛病，結果手臂就沒了。二號人格活在泰山壓頂之中，擔憂自己若控制

不了，身體就會加速壞掉爛掉。

　　二號人格對一堆篩檢、上健身房都沒興趣，但經常抱怨這裡疼、哪裡痛，只是想抓著幾乎所有會聽自己講話的人傾訴，實際上還真的沒有要幹麼。他們不喜歡即時處置併發症，老是因慢性疼痛急衝到急診室，但後來幾乎都沒按醫囑來調整自身的健康。假使他們受到朋友或健身課程激勵，會在上課的大樓外，兜繞個十分鐘，但只要哪邊覺得彆扭，就決定打道回府。對於二號人格來說，所謂的身心健全，不過就是哪邊做錯了，才不是哪邊做對，因此，他們會坐在邊線，先發制人說出一堆理由，就是要你知道，積極為健康打拚，根本沒好處。

　　一號人格盼與專科醫師面對面討論，樂於成為自身病況的專家。二號人格也很樂意，只不過喜歡找比較容易親近的護理師，因為他們重視的是有醫護背景的人聽自己訴苦，醫學資歷不重要。

▷ 三號人格：身體是樂趣無窮的玩具

　　醫學好好玩，好酷啊！三號人格期待接觸任何有關醫學的事物，會興奮喊道：「哇喔，你看我的生命徵象！」這具肉身就是三號人格的玩具，就是遊戲館，所以他們想好好使用，好好挑戰，好好照顧。

　　這副身體對三號人格來說，太值得探索了：「快看我的腳

趾！我興奮的時候，腳趾也會前前後後動來動去，跟搖尾巴一
樣！快看我能跳多高！快看我能游多快！」

　　比起其他人格，三號人格的身體意識更深刻、更親密。他
們注重肌力訓練、動作品質，並嘗試抓準時機，更好奇自己的
身體可以達成多大成就，自己可以把身體駕馭得多好。他們切
實活在這副身體中，並將身體推向最佳表現。「我知道自己可以
在八十分鐘內爬完這條步道，那有辦法扛九公斤，在九十分鐘
內爬完嗎？」健身樂趣無窮，很適合三號人格消磨時間。

　　雖然三號人格行程表上可能沒訂下年度考試，但他們會利
用家附近的社區健身課程來安排驗收。他們讚嘆身體，自然會
過著相當積極活躍的生活，運動並不只是定期上健身房，達到
目標體重，而是真的走到室外，嘗試精采刺激的活動——可以
是砌成一條石頭步道，每塊石頭重達四十公斤，也可以是到家
附近的公園，征服一面攀岩牆。

　　整體來說，由於三號人格常想突破身體極限，意外就發生
了，出現骨折或是其他急性狀況，比較常送急診。

▶ 四號人格：身體是供奉靈魂的聖殿

　　四號人格將身體視為供奉靈魂的聖殿。職是之故，他們感
恩生命賜予的神奇餽贈，秉持健全的心態，承擔維護聖殿的責
任。他們會自我照顧，安養自己的身心靈，採用全方位的另類

療法,來呵護這尊身軀,刺激感官。

按摩、瑜伽、精油和其他全人保健的做法,都深深擄獲四號人格的心。如有機會,他們會加入食品消費合作社,吃有機食物,盡量減少吸收化學毒素。他們是社區的活躍成員,支持當地小農是必行之事,未必會攝取麩質及動物來源產品,但都接受天然的保健食品。

四號人格堅信,在地的針灸師、整骨師、手療師、神經運動療法[40]專家能協助照顧健康,特別是身子需要照看的時候,能找這些專家。他們也堅持在風和日麗的日子到戶外漫步,或刻意在電視機前伸展手腳。他們會到公園或住家附近,與朋友或寵物一起晃晃聊聊,也會停下腳步,和松鼠交談,擁抱一棵熟悉的樹,敞開心胸迎接身旁的大自然,因為他們和所有生命都享有深刻連結。他們不只會記得帶好料來餵食公園裡的野生動物,還會沿途停歇,多買一些備料。這些隨興的善意常駐於四號人格的心頭,直接提升了整體健康福祉。

四大人格罹病了,怎麼應對?

▶ 一號人格:自己成為專家

一號人格罹病時,會知悉病情,線性思維介入,理性心智開張。他們勤於研讀,躋身專家之林,診斷病情成了他們的全

職工作，以便迅速評估問題，認識每種機轉，施以絕對精確的
處置方式。

就拿第一型糖尿病這慢性病來說好了，一號人格發病後，
會改變飲食習慣，不惜一切代價避開糖類，觀察身體狀況並細
細調整，找出最新技術和分析工具，入手最精確的連續血糖監
測儀、無管胰島素幫浦，利用這些儀器內建的手機應用程式，
查看即時分析數據。

▶ 二號人格：過於悲觀

二號人格認為醫界專報壞消息，因此，真的罹病了，足以
擊垮他們，讓他們陷入恐慌深淵，愈陷愈深，結果就是提心吊
膽，惶惶不可終日，又鴕鳥心態，還能逃避就不會正視。會偷
偷吃糖的就是這個人格，他們絕不會接受全套健康管理方案，
但並不是不在意，只是對二號人格來說，恐慌和焦慮已經劃地
為王，再也無法清晰思索該做什麼來恢復健康。

有些非常健康的一號人格、三號人格、四號人格可能會發
現，自己罹病時，也成了怕得要死的二號人格，但原因僅是憂
懼死亡。當我們瀕臨重病而轉換至二號人格，會更關心自己如
何擺脫，而非採取可能的救治行動。所以請務必銘記：我們的
二號人格代表的是，可能自我傷害的五歲小朋友。

若我們因害怕診斷結果而跳入二號人格，就會期盼身邊有

個負責任的一號人格願意幫助我們，或期盼有個四號人格可以扶助自己。不過，二號人格常常會強迫他人控管自己的疾病，逼他人承擔這項不可能的任務，但當然，結果是他們會自己承擔一切責任，一點都不讓我們介入幫忙。更慘的是，他們一點都沒興趣搞那些最新醫療科技，部分原因是感覺會被栓在機器上。但是請面對現實吧，實情是數據會說話，糖攝取量一覽無餘，看你怎麼說瞎話。

▶ 三號人格：過度樂觀

三號人格得知診斷，會盡可能降低嚴重程度，一派輕鬆的說：「問題沒那麼嚴重。」他們不想放棄甜食，想方設法繞過這個路障，尋覓無糖的糖果，以及不會讓血糖激升的餅乾，研究替代甜味劑對血糖值的影響，也希望使用最新的無管胰島素幫浦，因為這技術超酷，簡便又快速。此外，他們不夠自律，不可能每兩小時測一次血糖，因此最新科技和手機應用程式就是自由生活的門票，可以隨身攜帶，隨地監測。

▶ 四號人格：正向面對挑戰

四號人格想釐清有哪些選擇，會與診斷結果共處。這個人格會擔起權責，守護身心靈的健全，利用另類療法管控病況，

找手療師、針灸師等傳統治療師，體驗自然療法和各種能量療法。

若是罹患第一型糖尿病，四號人格會像三號人格一樣，深究蜂蜜、龍舌蘭、菊苣、椰子糖對血糖的影響。四號人格不想把自己逼太緊，他們會透過冥想、正念來紓壓，藉此降低血壓和血糖值。

四號人格會起身動一動，也會安排運動時段，改善檢驗報告數字。他們歡迎新科技帶來的便利，了解最新的血糖監測儀和幫浦，也會認真陪伴自己，接受現實，行必要之事，確保預後往正向發展。我們若會誠心接受這項挑戰，感恩獲得迎接這道希望曙光的機會，正是我們都有的四號人格出手了。

四大人格的健身與節食計畫

▶ 一號人格：嚴格自律

一號人格會負責維持自己的體態。體重若逼近最高限制，他們就會採取行動，避免破表。他們嚴格自律，定時運動，管控飲食分量，維持這副載具的運作良好。他們生活繁忙，諸事待辦，自然會有意識的照顧身體。

如須減重，他們會計算食物點數，嚴以律己，有效飲食，規劃廚房，擺放所需的一切，學習運用系統，而且精通用法。

他們也會先從排毒開始，建議伴侶或家中成員一起加入計畫，因為他們的長處就是提供協助和督促。

▶ 二號人格：任性而為

體重計上的數字會嚇得二號人格盡快找出快速解決之道。叫他們節食，代表剝奪他們想吃的食物，無異於懲罰，因此，他們會衝撞系統、作弊、嘗到失敗，認為自己面對欲望是如此無能為力。他們也只願意付出最少精力，一旦不舒服、看不見成果，就會哀哀惋惜，反而沉湎在更多熱量中。但要是真的減肥成功，就會大聲抱怨：「天啊，差點要了我的命！」

他們不夠自律，不願運用複雜的食物點數計算，但會著迷於最新爆紅的減肥藥，試用新奇的電子肌肉刺激器。買包裝食品倒是沒問題，他們還真的不想花什麼力氣，先餓肚子一陣，再大吃大喝，再來餓肚子，這樣很可以。若夠幸運與一號人格同住，一號人格會替他們計算好食物點數，這樣一來，減重成功指日可待──前提是，有一號人格密切監督食物儲藏室。

▶ 三號人格：先享受，再付出

三號人格會計算可以吃多少甜甜圈、冰淇淋，再努力做到相應的運動量，來消耗攝取的熱量。這個人格會在當下時刻不

顧後果、不顧分際的暴飲暴食，毀掉前三天的節食成果，但會再花個三天，每天步行八公里來彌補；或是，吃掉一整袋洋芋片，接下來幾天什麼都不碰，只碰蔬菜。成功掉了幾公斤，就有動力繼續吃喝蔬果昔、高蛋白奶昔或健康燕麥棒。

三號人格很能捉摸身體燃燒多少能量，所以，雖然不會特別覺得有必要計算熱量或食物點數，但會根據食物給他們的感受，限制攝取哪種食物。

飲食的影響，以及飲食對自己的能量程度帶來何種影響，三號人格的感受非常敏銳。他們照著「邁阿密飲食法」做，只是因為聽起來太好玩啦——「耶，我要去邁阿密玩！欸！我要跟著邁阿密人這樣吃，你勒？」他們會吃超方便的包裝食品，但會大啖沒有漢堡肉的蔬菜漢堡，只是想試試不完全遵照節食計畫的話，可以在節食路上走多久。

三號人格通常會把眼前一切都拿來吃，就是吃吃吃，吃不停，也餓餓餓，餓不停，因為他們動動動，動不停。

▶ 四號人格：求取平衡

四號人格盼望能在工作、家庭、玩樂、朋友之間，以及和崇高力量共處的時光之間，取得健康的平衡狀態。

四號人格上瑜伽課，參加靜修營，接受按摩，實行冥想，通常不吃任何有臉孔或會呼吸的東西，所以改吃素，甚至吃全

素，或至少堅持生機飲食。體重若稍微增加，為了平衡，他們會控制食物分量，吃更多蔬菜水果，減少熱量攝取。

他們知道飲食不對，也絕對無法靠多加運動彌補；多吃點蛋白質或高纖維，應該會更好。甚至必要時，就會改變整套飲食方式。

四號人格愛吃原型食物，分量節制，只在腦海裡隨身攜帶甜甜圈——不是想著味蕾受挑動的感覺，就是看到甜甜圈正在自己左邊屁股上。

🧠 四大人格與醫療專業人士的互動

▶ 一號人格：直截了當

一號人格喜歡採行直截了當的解決方案，將會直奔醫師診間、打諮詢專線，或遠距看診。他們希望有醫學學位的醫師能對症下藥，開出最佳處方；他們想與良醫交談，希望了解症狀相關的一切，因自身的病也成了專家。

治療過程中，一號人格也直截了當的遵守，按照醫囑，落實規定，絕對不會只盡最低限度的努力，但只求最大成效。一號人格會改變例行運動模式，改變飲食，幾無怨言，若必須改變，就視為挑戰，為恢復健康拚拚看。

▶ 二號人格：緊張兮兮

二號人格每次不舒服，都覺得自己不久於人世，得趕緊去急診室，而且每次都要拿牛刀殺雞，或者直接殺去找熟識的專科護理師，反正平常就常找來問東問西；覺得可以做的檢查都要做，務必確保沒遺漏任何小跡象，不過因為他們設想的都是最壞結果，這些檢查足以讓他們暈頭轉向。

二號人格會拜谷歌大神，查詢指甲倒刺的罹病率，晚餐聚會時隨意聊起，講給願意聽的人聽。儘管二號人格想從別人口中證實自己確實病重，卻不希望聽到讓身體徹底復原的治療方案，畢竟整個醫療過程和身體現象都教人心驚肉跳，簡直逼人太甚。醫師要他們改變生活方式，他們只覺得會讓生活品質大打折扣，所以這種話他們不太想聽……終究是聽進了左耳……右耳出。改變飲食和生活方式根本是懲罰，自由淪喪，生活品質受限，犧牲可大了，討厭死了，又多了一件必須處理的事。若他們真的挪出心力，確實遵守治療方案，也不會有熱情，不會好好做。

▶ 三號人格：勇於面對

現場掛號診所便利極了，三號人格當然要善加利用。他們喜歡「隨到隨看診」，不必事先約診，心血來潮就去，這種緊急

照護中心能讓你快進快出，實在很棒。醫師會告訴你需要知道的治療方法，而你不需要與醫師打好關係；專科護理師來也沒關係，只要能具備符合你需求的專業知識就好。

三號人格一收到處方箋或開始參與療程，會使用現代科技來設定時程，嘗試排除路障，可能會對某些事情很嚴苛，還會和他人挑戰極限。他們會在手機上設定鬧鐘，提醒自己準時服藥，還會想出有哪些外在限制阻礙自己達成目標。

三號人格與一號人格一樣，會尋找最佳做法，還會找出抗病成功之道。因為喜歡與人合作，可能會加入支持團體，藉由團隊之力，征服難關。

▶ 四號人格：全方位接納

全方位的保健方式，與四號人格很是契合。四號人格從全身的角度考量，想知道如何花最少力氣，收穫最大效果。他們將重點放在預防，尋找另類療法的治療師，促進身心療癒，熟悉各種侵入性較低的另類療法。他們會在疾病還沒入侵前，早就管控好健康。

四號人格還是會接受正規醫療，但不會費太多時間，只要能處置急症就好，長期問題得找另類療法，例如，若得降低膽固醇，他們不願吃斯他汀類藥物，而是改用蜂蜜和肉桂調出最佳配方；他們不會堅持密集的物理治療計畫，以避免旋轉肌袖

的復健只到某種極限，四號人格會長期投入神經運動療法，力求恢復身體完整機能。

四大人格如何面對老化

▶ 一號人格：積極照料自身

一號人格必定會好好照顧自己，花一輩子的時間維護身體這部機器，切實意識到自己的身體狀況，又超級能覺察到自己的老化。一號人格注意到，需要維持健康和運動，不是因為出於喜歡，而是想要得到結果。在老化過程中，他們會照料自身，「進廠維修」，但他們就是那種會留一件大學時代短褲的人，只是想看看是否仍穿得上。

若一號人格在放假時過度放縱，但因為自己訂出不能妥協的上限，新年假期就會賣力運動，甩掉多長出的肥肉；若要接受人工關節置換手術，自己會勤加研究，找出權威醫師與最新型人工關節。他們為自己的物理治療負責，每次治療前後自行練習，將新的人工關節當作自己較勇健完好的一部分，之後將回到正常生活，繼續例行運動。

隨著年紀漸長，許多強硬派一號人格會拋掉尖銳批判，改而表達較溫和的感激。伴隨這種轉變而來的是：他們自然加深了自己與身體、與心靈、與他人、與崇高力量之間的關係。

　　歲月往往削弱我們的優勢，退休卻捎來嶄新契機與選項。以強硬派一號人格身分過活，無論年歲，都有孤獨無依之感，因為他們並未費力耕耘充滿愛的知己或社群，最終雖可能積攢許多財富，買得到許多東西，卻買不到忠誠可靠的釣魚同好，也買不到緩和醫療護理師對你的和善關懷。

▶ 二號人格：怪東怪西

　　由於二號人格這個情緒組織，連線到「啟動戰鬥、逃跑、裝死反應」的交感神經系統，我們的二號人格情緒組織原本就會從當下時刻帶進資訊，並與既有的經驗互相比較。二號人格會分類並比對最差的可能結果，接著將分析結果投注至當下時刻的意識，因此，我們就成了失落感、痛苦感、焦慮感、驚慌感、恐懼感、威脅感的受害者，原因只是腦部這區域原本的設計就如此。

　　實情則使現實更加複雜：組成二號人格的腦細胞，以及將自己視為單一固體、且與身旁萬物分離的腦細胞，兩者同屬於左腦半球。而我們待在母親子宮，能夠感知到宇宙賦予的愛、且由此愛包覆的那段時日，已是許久以前了。

　　若我們是由二號人格主宰，這輩子若真享有健康福祉，也是歷盡千辛萬苦而得。二號人格帶到意識前線的那股焦慮，可能會扼殺或勒緊自己的行動力。沒有紀律，沒有設定體重增加

的上限，等於沒人擁有這副身體，沒人為這副身體負責。隨著年紀增長，他們將活在往日榮光，只會說自己以前有多厲害，可以做這做那。

二號人格感覺疼痛，就拿疼痛當藉口，再也不做任何事，只注意做不了的事，不願注意自己還能做什麼。他們若接受手術，裝了新關節之類的，也會害怕到不敢使用；儘管會去做物理治療，也只會出最少的力，勉強應付應付，結果復原有限，就歸咎於體制糟糕。

二號人格如果真想優雅老化，必須調整心靈、心智，願意讓其他人格介入，才不會那麼緊繃的看待健康問題。就拿我來說，我現在很討厭看診，因為（最糟糕的情況下）終有一天會像之前一樣，我的腦袋得被切開——這世界上究竟有誰會想再經歷一次？二號人格深信，不去看診，就沒人會發現問題，大小災難再也不會臨頭。這樣想對嗎？

錯了！二號人格的焦慮感是如此強大，能劈哩啪啦給出幾百萬個不遵守預防保健原則的藉口。

顯然，我們相信自己是有自由意志的獨立個體，付出的代價是二號人格的驚詫驚慌。幸好，二號人格與一號人格、三號人格、四號人格共同存在，其他三個人格有能力與我們的行為互動、整合、或攔截。沒有人會活著走出此生，因此，只要我們的四大人格都同意最終目標是好活與善終，我們就可以衡量必行之事。

▶ **三號人格：當知節制**

青春尚好時，三號人格可能會恣意揮霍健康，狂放不羈，希望能豁免於健康問題。但在某個時刻，我們必須體認到身體有其局限。少男少女並未計算自己喝多少水，只顧著解渴，年紀漸長後，則必須多注意健康一點，少注意娛樂一點，還要計算壽命與風險。

三號人格愈能覺察身體所需，愈有意識的照顧健康，愈知道投入風險行為時該設下哪些限制，整體健康將能逐步提升。

▶ **四號人格：需強化對身體的覺察**

隨著四號人格年歲漸長，我們必須更密切注意身體透露的訊息，接著採取行動，提升大腦對身體的覺察。神聖的四號人格力量愈強大，我們與實體世界的連結就愈來愈薄弱。持續練習瑜伽、太極拳、或其他有助鍛鍊肌群的運動，將有助於我們與實體世界維持連結。

我們年歲漸長，心智自然更會轉向神祕領域，是故，刻意選擇促進大腦對身體的識別，當然是件好事。

***

　　本章解析了四大人格應對健康與疾病的方式，下一章不妨一起擴展知覺，深究四大人格在愛情關係中一如預料的模樣：如何回應他人，如何建立關係，又是如何與愛人互動。

第十章
人與人的連結

—— 四大人格的愛情

　　人類是社交動物，但對我們許多人而言，建立健康的人際關係，很可能是畢生最嚴峻的挑戰。無論我們如何寬以待己，要和其他人的怪癖共同生活，不啻為更高階的挑戰。本章將側重於四大人格在愛情關係中的表現。由於各人格的表現既一致又好預期，同理，應該也相對容易推論四大人格與親友之間的情感互動。

　　四大人格與人互動的方式林林總總，本章顯然無法全部含括。不過，我期盼仍可觸及冰山一角，指出各人格吸引伴侶之處，列舉他們展現自我的方式、需求與價值觀，以及最終尋覓的人事物。

＊＊＊＊＊＊＊＊＊＊＊＊＊＊＊＊＊＊＊＊＊＊＊＊＊＊＊＊＊

如果你約會經驗豐富，

很可能在人生某些時刻，和四大人格都交手過。

＊＊＊＊＊＊＊＊＊＊＊＊＊＊＊＊＊＊＊＊＊＊＊＊＊＊＊＊＊

　　明瞭四大人格在愛情關係中注重的要點，應有助你確認自己的優勢及行為模式，也應有助你更了解各人格對於各段關係的影響；有些舉動並無法滋養你的精神，反而弄壞了彼此之間的關係。幸好，我們人類有心智成長能力，若能明白四大人格有哪些與人互動的選擇，應該頗有助益。

　　大家體內都住了四大人格，我們彼此牽起關係時，大多數

人都會視情況登入或登出各人格，而且，無論方式正向還是負向，都可以預料。我們在不同情況下交由不同人格主導，此舉完全正常，而要是我們決定預估未來行為並予以修正，關鍵在於留意目前的習性，我們不需要沿用舊模式，也不需要做出毀壞關係的行為。

以正向角度琢磨自己的愛情體驗

如果你約會經驗豐富，很可能在人生某些時刻和四大人格都交手過；根據目前研究統計，你很可能也結過一次婚或兩次婚，甚至離過兩次婚。本章將檢視四大人格有哪些足可預期的互動模式，也期盼你能藉此體認到自己展現了哪些行為，察知你與哪些行為交手過。

愛情萌芽之初，我們發現自己值得人愛，常高興得快要飛衝上天，彼此互相確認，描畫未來，期待或許不必獨自面對人生的美麗與哀愁；起初許諾的天長地久，常以為是天造地設，可惜，往往隨著時間變了質，因為大小事件變了調。關係結束時，我們必須知道經歷了什麼、為什麼放手，如此才更能覺察自己的行為模式，或許下次選擇別的做法。

現今的 Match、Bumble、OurTime 等交友平臺，讓我們得以輕鬆在短時間內碰見許多人。撥時間尋思你的四大人格以及你與親密對象之間的關係，或許有助於更快確定，該不該投注

時間，還是拋下一句：「感謝你成為我人生中的過客。」

假使你有意鑽研愛情和大腦的主題，想了解另一種觀點，我很推薦閱讀費雪（Helen Fisher）博士的著作，我是她的頭號粉絲。你讀完會發現，她和我對愛情與大腦解剖學的講解有許多重疊之處，包括大腦的動態變化、誰會受誰吸引。我深信，大腦和價值觀造就了真正的人際連結。

好久以前即流傳，個性相反者相吸引。我們仔細觀察戀愛中的伴侶，常見情況也果真是一人具左腦優勢，另一人具右腦優勢，如此一來，兩人優勢的大腦半球共同組成了全腦，而且雙方的興趣、付出、家務事都足可預料，後來也往往開始依賴伴侶，反而不再逼自己培養相反技能。期盼本章得以引導這類情侶，避免落入依賴對方的陷阱，扼殺自我成長的機會。

雖然一段愛戀關係之初，相反的個性具有莫大吸引力，但是到後來，這些原本覺得好可愛的小怪癖，往往磨光了耐心，觸弄了敏感神經。我也盼望本章的剖析能替你鋪好康莊大道，讓你以正向角度琢磨自己的愛情體驗，進一步探索過去、現在以及未來。

為了方便闡述，本章將把四大人格比擬為特定類型的人，但請放心，這並不代表我們只會以單一種人格的面貌，經營戀愛關係或人生其他途徑。事實上，每個人格都有權現身，展現任何一種他們自己認為適合的模樣，我並不打算干涉或忽視他們的希望或需求。

一號人格按藍圖推展

想像一下，和一號人格約會交往大概會有的情況。從定義上來看，這個人格重視思維大過於感覺。或許，擅長替生活提供實質便利，有些人可能已覺足夠，不過，要求一號人格保持激情熱戀，有時得費一番工夫，需要持續協調。

一號人格喜歡一目了然的試算表，逐一填進活動與個人時程表，對於自己人生各階段應該怎麼過，已畫好藍圖，接下來必須堅守細節與進度；面對一段關係，則必須劃清界線，限縮風險，還要和親友討論這段關係是否精準的按時程推進。

因此，一號人格會緊緊催促，力求精確定義目前的定位：我們是隨興約會、認真約會？是正式交往，還是床伴？是要開始互許承諾嗎？接著要訂婚？結婚？如果要走進婚姻的話，會是什麼時候？

一號人格會希望盡快釐清彼此的關係，建立框架，所以一號人格會一直問問題：「你需要我成為什麼樣的人？你需要我保護你嗎？你需要我拯救你嗎？你需要我跟你一起吃喝玩樂，還是需要我賺錢養家？你要我跟你只有性愛關係，還是要一起組個家庭，生養孩子？」

可以預見的是，一號人格在可預知的結構內，才享有安全感，因此，規劃第一次約會時，必定設定好地點、時程、活動流程。他們非常注重自己的外表與氣味，有意識的將自己最好

的一面表現出來。約會有兩大目的：自己讓對方驚豔，對方讓自己驚豔。時間有價，所以約會可能有點像是求職面試，可不僅止於簡單的外出玩耍。

一號人格認為，發展足具價值的事物至關重大，因此他們尋覓的是長期合作的夥伴，共同打拚，構築生活。一號人格挺喜歡和右腦的三號人格或四號人格約會，相當傾心於這兩個人格洋溢的樂活氛圍；但相處起來最自在、最有安全感的，通常還是比較好預料的左腦一號人格及二號人格。

一號人格和其他一號人格待在一起，往往更輕鬆自在，因為對方跟自己很像，穩定可靠，按牌理出牌。不過，兩個強勢的一號人格必須有意願談妥各自負責管控的範圍，畢竟強勢的意思就是各有主見，都需要發揮自己的專長。

儘管一號人格重視另一位一號人格的技能組合，尤其重視較好合作的溫和派一號人格，但是一號人格可能會發現，自己交往對象若是二號人格，二號人格比較會主動將領導的棒子交給一號人格。

一號人格與二號人格約會時，會擬妥計畫，通常是將二號人格帶出瀰漫極度焦慮的高壓環境，善用自己的組織能力、信心、力氣、耐力等技能，替二號人格消除未知與不安，搭建理想人生。一號人格一旦介入並掌舵，披荊斬棘，賣勁替二號人格鋪好正道，二號人格便會感覺受到保護，得以安樂自適，享受有人關心的甜蜜。

🧠 二號人格鬱鬱寡歡

二號人格喜歡強勢的一號人格常伴左右，因為一號人格的行為可預期，人很可靠又能幫上忙。一號人格在關係中有如共生體，覺得自己有助人的能力，擅長供應對方所需、替對方打理生活，此種掌控權為一號人格注滿精神與動力。左腦的一號人格及二號人格依這種模式，符合安全速配對象的定義。

二號人格可能也會在其他二號人格身上找到共通點，相處起來很舒服自在，彼此通常會一起憂慮，數落這世界根本不安全，細數這環境充斥的情緒掠奪者。但是當二號人格長期腎上腺疲勞，情緒可能低落沉悶，甚至轉成恐懼與不信任。左腦二號人格（及一號人格）內心都有個高潮迭起的故事情節：是一場零和賽局，只有一名玩家可獲勝，另一名玩家將敗北，於是雙方你來我往，持續在計分卡登記比數，隨時都知道是誰占了上風。

兩個二號人格都以為人生是場討價還價，必須耗盡心力。情感上，兩人可能會處在「你和我一起對抗全世界」的受害者心態，不過，這並不意味著兩人在一起會開心，也不代表彼此真的喜愛對方。雖然這對二號人格情侶可能會向對方抱怨人生有多麼不公（也會向任何願意傾聽的人抱怨），積年累月，這些不加掩飾的敵意可能會吞沒他們 —— 就算在公開場合，也會大聲霸凌彼此，企圖掌控彼此，猛烈抨擊彼此，而且完全不曉得

為什麼親友要閃躲自己，連陌生人也退避三舍。

　　偶爾，右腦三號人格的振奮激昂，會迷得左腦二號人格或一號人格如痴如醉。但問題於焉叢生：這一頭，左腦二號人格及一號人格必須將情感關係的界線畫好，才能繼續經營；另一頭，右腦三號人格避之唯恐不及的，卻是落入框架的束縛。事實上，左腦二號人格或一號人格界定關係輪廓的需要，可能正是逼使三號人格轉身離去的理由。三號人格只希望關係順勢發展，按照自己的速度，慢慢攤成自己期盼的模樣。

三號人格遊戲人間

　　右腦三號人格可能會突破社會常規，縱情歡愉，到三十多歲了，還是處處留情，儘管可能承諾一起到法國南部度長假，但單一伴侶、「至死不渝」這種話，更像是死刑宣判，怎麼會用來許諾美滿終生呢。經過多年自由開放、不需承諾的「無差別」約會，遊戲人間型的三號人格可能會收手，展開一連串的單一伴侶關係，但要讓三號人格結婚，保持忠貞，可能經證實是抗拒自然法則。

　　對右腦三號人格來說，腎上腺素激增是日常，飽含電力的約會值得投入。他們不墨守成規，不安於現狀，有發展空間的新奇變化才吸引人，事情可預料的話哪會好玩，若事情八成會發生，也不怎麼值得期待。

一號人格和三號人格約會，可能會興奮不已，陶醉其中，沿途探索刺激，可能這時才感覺到自己活著，但因為和腎上腺素信徒待在一起，風險太高，不久之後，一號人格可能會體力透支，反而極度渴望感覺更安全溫順的事物。一號人格當然可以緊跟著三號人格往前衝，但若是累了、倦了，可能會選擇回到比較好預期的一號人格或二號人格身邊。

🧠 伴侶關係惡化

在此舉個三號人格與一號人格伴侶關係惡化的例子。一號人格致力掌控自己的情緒，三號人格則享受各種體驗帶來的刺激，時間一久，一號人格會憂懼三號人格那放膽不理的強烈態度，並轉變成會大受情緒影響的二號人格。

強勢的一號人格若出於憂懼而退至二號人格，通常會躁動不安，一心只想撤退、後退，對這段關係急踩剎車，如此才能騰出空間，返回讓一號人格感覺安全的地方。此時的一號人格畏怯心慌，轉換成二號人格，變得更想控制一切、敵意過載、尖酸刻薄。這並不是件好事。

曾經無憂無慮、愛玩愛鬧的三號人格，一旦發覺自己所愛的一號人格退縮了，這段關係遭到威脅，可能索性掉頭離去；或者，也可能轉變成焦慮纏身的二號人格。這個防禦心重的二號人格，會為了自己幻想中的關係打拚奮鬥，換上新的故事情

節，向一號人格保證，這段關係值得挽救。

一號人格買帳了，相信為了自己的幸福，這段關係必須持續下去。於是，這人的二號人格把這段關係的重要程度排到前面，將原本主要的強勢一號人格排到後面。往後的時日，這人在情感上勢必飽受煎熬。

三號人格也會落得相同境地。珍視這段關係的三號人格，相信為了自己的幸福，這段關係必須持續下去，於是，這人的二號人格也將這段關係的重要程度排到前面，且將原本主要的三號人格排到後面。往後的時日，這人在情感上勢必也飽受煎熬。

這段愛情始於一號人格與樂天派的三號人格同甘共樂，如今轉變為二號人格與二號人格的對峙與相互依存，成了勝負不分的和局。兩個強大健康的一號人格與三號人格，原本可以攜手探索樂趣、體驗精采，如今卻雙雙掉入深淵，痛苦、焦慮團團圍困，嫉妒、羨慕、不滿也步步進逼。

原本強勢的一號人格，若轉換為情感上仰賴他人的二號人格，有兩條路可選。一是重新宣誓權力，退返一號人格，關上大門，留住身分認同，喚回理智；二是以滿懷焦慮的二號人格維持關係，任由需索無度、自憐自艾的情緒掌控自己。

但由於一號人格的心態是「離開等於放棄，成功者絕不會放棄，放棄者絕不會成功」，因此，他雖可能暫時關閉溝通的大門，但不會真的甩掉門把，頭也不回的離去。當一號人格轉成

了二號人格，體認到眼前亟需轉舵，重建連結，就會讓步，再度開啟大門。久而久之，這段關係帶來的煎熬折磨，成了可預期的迴圈，周而復始，終究犧牲了自己身心靈的完整。

忠於真實的自己

無論一號人格和哪個人格交往，一旦轉成二號人格，不是關係斷裂，然後回到原本的強勢一號人格，就是變成鬱鬱寡歡的二號人格，忍讓硬撐，洗腦自己繼續留在這段病態的關係，還找了種種理由：

我不想傷害對方。

我是對方的全世界。

我們在一起過得很好啊。

大家都覺得我們是天造地設的一對。

一開始完美極了。

對方沒那麼糟糕。

我只要再多做一些事就好了。

只要 _____ ，事態就會轉變。

沒別的好地方可以去，現在最好了。

反正這些問題我早就清楚，都知道怎麼應付了。

　　重點就在於：任一人格若只為延續伴侶關係，違背真我，轉換成反應激烈與防備心重的二號人格，等於開始替分手鋪了路。若他們將力量轉讓給自身以外的人事物，伴侶之間那堵牆會逐漸搭起，自己轉讓出的力量更將與怨恨的力道相當。

　　一號人格、三號人格或四號人格，一旦被拖進二號人格的情感煎熬迴圈，根本沒有機會享福，除非，轉換回原本的主要人格。兩個爭論中的二號人格絕不會善罷干休，絕不可能找到長期和平相處之道。必定要有一方願意攤開痛楚，登出二號人格，才能遞出橄欖枝，敞開心胸，溝通、道歉、協商、和解。

　　若其中一方已退回一號人格、三號人格或四號人格，另一方可能持續針鋒相對，無情狠咬住對方不放，抑或是，看到對方退讓，自己可能也會放下。若關係結束，但一方仍緊抓著自身二號人格的苦痛不放，可能會滿懷憤恨，持續數十年，每次想起對方，就會湧上恨意，又登入二號人格。關係結束時，傷痛若想真正癒合，雙方必須登出二號人格，退回主要人格，讓這段關係結束時，懷抱友好、諒解與感激之情。

　　想要成長為全腦人，關鍵在於培養能力，得以登出二號人格的焦慮與痛苦，並重新登入主要的一號人格、三號人格或四號人格。但我們有能力登出、登入之前，首先必須有能力體認到自己是否遭到自身的二號人格劫持。二號人格若上線，準備執行戰鬥、逃跑或裝死反應，學習如何拉自己一把，或許才是我們這輩子必須學會的重要技能。

　　假使你的主要人格恰好是二號人格，你可能會嚮往與一號
人格交往，與好預期又能帶給你安全感的他們相處；你可能也
想和三號人格交往，體驗精采刺激、輕鬆愉快的約會，但三號
人格不消多時就會打算遠去。你也可能會認為，四號人格享受
當下的本性令人怦然心動，他們會帶領自己，體驗這世界所有
的沒關係、沒問題、沒事的，心胸開放的四號人格可能會感同
身受，同理關懷二號人格。

　　然而，對主要人格為二號人格的人來說，最諷刺的體悟莫
過於：這世上沒有一種關係能有助自己維持內心的平靜感，就
連藥物、酒精等成癮物質──任何外在因子都無法。二號人格
若將體驗快樂的能力，轉嫁到他人或其他外在因子上，無論何
時，都只會和這些來源形成相互依存的關係，無可自拔。

　　無論我是誰，我都無法讓你開心、難過，甚至憤怒。情緒
產於自身，腦部無論哪種迴路運轉，都得由自己負責。

四號人格替世界帶來了愛

　　真實的四號人格，是一種情感上穩定輸出的力量，我們每
個人內心深處都擁有這種力量。四號人格替世界帶來了愛，而
若四號人格對誰愛慕，有興趣牽起關係，只要可以保持自己身
心靈的完整，就會採取行動。他們全面觀察生活及人際關係，
在乎的是一段關係帶給自己與對方的能量，會捫心自問：「這段

關係會賦予我生命力，還是會耗損我的精力？」

四號人格體察萬事萬物之美，儘管全心投入，他人的小缺陷並不會壓垮自己。四號人格珍視一號人格建立秩序與組織的技能，一號人格則渴望感受內心轉瞬即逝的安詳；一號人格思維周密，精準掌握細節，四號人格可能深受吸引。然而，除非一號人格能轉入當下時刻，至少在某些時刻體現出三號人格或四號人格，否則四號人格終將覺得無趣，認為這段關係在情感方面缺乏真正的連結。

在一段關係中，一號人格會詢問：「你需要我做什麼？」四號人格會回道：「我需要你只做自己。」想當然耳，一號人格會反駁說：「我不知道怎麼做自己，我只知道怎麼做事，但我愛你，我會盡力而為。」此時，一號人格不再急急忙忙做事，開始急急忙忙做自己。四號人格希望雙方都能感受到真正的連結，在他們眼中，一號人格若願意嘗試，不僅有能力建立真正的連結，也將能成功建立真正的連結，而且不會只是急於奔向最終目標。

* *

真實的四號人格，

是一種情感上穩定輸出的力量，

我們每個人內心深處都擁有這種力量。

* *

四號人格也深諳，無論我們是何種身分、財富多寡，都很完美、完整，而且美麗。對於任何投入的關係，四號人格都將態度開放，滿懷著愛，但若左腦的一號人格或二號人格是帶著挑剔、批判、以及急於實現的期待，四號人格會搖搖頭，轉身離開。

一號人格或二號人格無論講多少甜言蜜語、送多少豐厚大禮，除非開始實際陪伴身邊，四號人格也不會感受到愛。若四號人格發現自己遭困在病態關係中，可能選擇轉換成一號人格或三號人格，希望更能融入這段關係，或則可能轉換為二號人格，意志消沉，孤單寂寥。可惜，我們太常犧牲四號人格平靜的本質，只為強留在病態關係之中。

如何面對二號人格伴侶

四號人格與二號人格約會，將給予對方情感支持，同時也堅持二號人格必須為自己的情緒起伏，擔起一定責任。四號人格將示範什麼叫活得知足，什麼叫活出深刻意義與無限可能。很可惜，二號人格進入那種歡喜狀態的時間，只能有一下下，最終，二號人格會本能淡出四號人格的生活，就為了維護內心那上演零和賽局的小劇場：快樂需要付出代價。

對二號人格來說，四號人格所謂的全貌、所謂浩瀚如宇宙的思維，都有如波麗安娜，[41] 無論二號人格做了什麼努力，最

終都無法抵達平靜之地。

　　若在一段關係中，你主要的一號人格、三號人格或四號人格遭到二號人格的需求劫持，你該如何找回健康的自我？有時候，修復這段不愉快的關係是行得通的，尤其，兩個成熟的人儘管裹著自尊之火，但願意短暫抽離苦痛，回到自己健全的狀態，或許就是正解。但要是其中一方不願為自己的二號人格負責，最好的辦法應是斷絕往來，照顧自己的心理健康與幸福才是正道。

　　我們成長為全腦人的潛力，百分百取決於登出二號人格的能力，我們可以訓練自己，讓健康的各個人格知道何時已遭情緒劫持，進而採取行動。若你發覺自己受盡自身二號人格的折磨，又難以重回由健康人格主導的境地，請翻回第八章〈大腦會議〉，複習大腦會議的運作模式。

　　平靜真的就在一念之間，我們確實有力量拯救自己，免遭二號人格的威力壓制。熟悉和熟練大腦會議的 BRAIN 五大步驟，可以直接強化腦部迴路，有助我們更快復原。

＊＊＊

　　第九章〈與自身的連結〉檢視了四大人格與身體的關係，本章檢視了四大人格在愛情關係中的面貌，下一章將闡述腦部喪失連結能力的情況，並探究四大人格的復原對策。

第十一章
中斷連結與重新連結

—— 四大人格在成癮與復原之路的角色

　　如前文所提，在單細胞生物的層次上，生命的意義似乎在於有能力刺激細胞以外的物體，也有能力受到細胞以外物體的刺激。單一細胞的半透膜允許某些物體進入細胞內部，又阻擋其他物體進入。此外，半透膜布滿了各類特定受體，可使細胞受到外界某些物體的吸引而湊近，也可能使該細胞產生排斥，將其推往不同的軌跡，類似同極相斥的概念。

　　當宇宙意識孕育出單細胞的微生物，不僅造就出以生命形態存在的高層次秩序，也建構出使細胞持續受到刺激的方式，生命大概也就有了趣味。宇宙正是藉由細胞的半透膜，將宇宙本身的一部分捏除，區分「這」與「那」（一種生命形態和一個宇宙），建構出意識原始的二元性。單細胞微生物經創造後，細胞內意識與宇宙意識之間的對話，於是全速展開。

　　這段對話勘可比擬我們腦袋裡的情景，差別在於：我們不是單細胞的微生物，而是多細胞生物。因此，我們的神經元存在的環境有三個層面——並不是只有單細胞的內在世界、以及宇宙的外在世界，神經元組織本身就有個內在世界，與周圍的細胞外空間分離，但功能上有所關聯。這個細胞外基質，位在大腦內不同神經元之間，神經元互相溝通則完全仰賴分子（與分子的電荷），以成功傳遞訊息。

　　神經元組成人腦，而人腦的智慧來自神經元連結的數量。就功能而言，人腦能產生智慧，不只因為腦部大小，也不只因為神經元的多寡；為了產生智慧，神經元必須透過連結，分享

訊息。大腦神經元之間的連結不可勝數，好比某個人若有電腦可存取網際網路的所有資訊，則大有助益，若無法連接網際網路，就可能少了什麼；如能上網搜尋，即可存取大量資訊，若無法上網，僅能從硬碟儲存的資料中存取有限資訊。

同樣的，神經元連結愈多，能傳遞的訊息也愈多，得以擴充整個知識資料庫。此外，隨著腦部神經元的連結增加，我們的思考與感受能力也更上層樓，得以進一步辨識與調校。

🧠 我們有療癒自己腦部的能力

中風那天早晨，左腦思考細胞群與情緒細胞群和我硬生生斷開連結，我再也無法存取那些細胞中的資訊，於是我喪失語言能力，再也無法理解他人與我之間有所區隔。我喪失與任何人溝通的能力，因為，我根本不知道有他者存在。

喪失左腦意識這件事，我其實樂在其中，但要是我活著，想以正常健康的人類身分與他人交往互動，我的每一個神經元顯然皆彌足珍貴。我已醒悟，我的世界觀百分百取決於腦細胞的健康福祉，百分百取決於腦細胞之間的連結。八年來我奮發自強，竭盡心力，補回這些神經連結，不僅體認到神經連結的價值，也絕對會不惜一切，認真保護。

腦袋裡的神經元連結值得保護，不過，並不是所有人都關心這回事，我們活著的世界重視以財富與名聲衡量的事物（這

由一號人格及二號人格主導），較不重視我們身為寶貴生命形態的本質（這由三號人格及四號人格主導），許多人於是找不到生命的意義，選擇以藥物和酒精逃避。

我在挑選本章主題時，曾經想過要寫四大人格怎麼決定追Netflix 哪部劇、或去哪度假——我同意，寫這些當然輕鬆好玩多了，但在這個節骨眼，我認為必須詳談藥物和酒精成癮，畢竟兩者對大腦的破壞力無物能及。成癮症這病，與社經地位或教育程度都沒有關聯，無論是無家可歸的街友，還是億萬豪宅裡的富翁，都逃不出成癮症的魔掌。

我們有太多人嗑藥、酗酒，認真虐待神經，如此不僅無異於自我傷害，還會蠶食鯨吞與他人的健康關係，甚至對整體人類的健康福祉釀成重患。一個健康的社會是由一群健康的大腦組成，一顆健康的大腦則是由可以互相溝通的健康細胞組成。我們有能力選擇自己是不是要依循自動機制活著，還是要更有意識的活出人生；我們可以像微生物隨風飄動，毫無方向、毫無目標的彈來跳去，也可以選擇帶領大腦，朝著全腦生物的方向演化，而大腦會議就是一項利器，有助我們邁向全腦生物的目標，更能刻意、更有意識的活著掌握方向，活出既平衡又有意義的人生。

要如何活著，操之於個人，我卻發現許多人選擇轉向藥物和酒精，不管出於何種理由，只一心期盼能與現實脫節。遺憾的是，大腦天生愛成癮，我們愈和現實脫節，腦細胞的連結就

愈薄弱，我們的思維與感受也愈見僵硬。我們任成癮迴路運作時，其實是自動導航，任迴路導引我們，如此完全與有意識的人生背道而馳：幾乎是無意識的活著，無意識的選擇自己想要成為什麼樣的人，無意識的選擇如何成為那個自己。

若你的大腦成癮了，請放心，你一定求助有門，有效工具應有盡有，你可以用來重獲力量，打破成癮迴路的既有模式，活出理想人生。神經可塑性的威力是真真確確的，這可是振奮人心的好消息，我們確實有療癒自己腦部的力量，若願意貫徹到底，就會成功復原。全球上百萬人運用戒酒無名會的十二步驟計畫，擺脫酒癮，保持清醒。本章接下來的內容，將更深入探究與療癒大腦有關的工具，包括十二步驟、四大人格的大腦會議、英雄旅程、佛陀的開悟之道。儘管各種工具與敘事各有殊異，全都直指大腦層面上，覺知與意識的轉變。

以下將闡明四大人格的成癮與復原，我期盼：能多少丟出浮木，讓你曉得如何有效幫助自己，以及幫助那些陷溺於癮頭的愛人。

成癮症來敲我人生大門

多年前，我發現我的愛人濫用藥物和酒精，天真的我逼對方表態：要繼續這段關係，而且是健康的關係，還是繼續濫用藥物和酒精？結果讓我錯愕不已：我賭輸了，還發現自己在戒

酒無名會家屬團體（Al-Anon）的聚會中，納悶我的人生到底怎麼了。那場聚會中，我痛悟到，儘管一直以來，我是和一個人建立主要關係，但那個人建立主要關係的對象卻是酒精。雖然我痛不欲生，這次的當頭棒喝讓我有勇氣練習放開手、好好愛自己，將心力放在照顧自己的心理健康。

彼時的我已是腦科學家，專攻思覺失調症，以神經解剖學和精神醫學切入。嚴重中風後，重建腦部之路舉步維艱，生命和這個美麗器官事實上多麼脆弱且易受摧毀，教我驚奇不已。為了復原，我殫精竭力，但目睹有人竟選擇不尊重腦細胞，還故意虐待，我似乎完全無法接受。

身為科學家兼好奇寶寶的我，遇到成癮症一叩關，自然開始從大腦層面探索成癮的威力。我想進一步了解人濫用藥物和酒精的時候，腦部迴路在細胞層次發生的變化，另也同等重要的是，我想知道深愛這些成癮者的親朋好友，心情、心智上發生了什麼變化。這句探問不免導向「受苦」這個亙古不朽的主題，以及，我們人類明明知道這段關係顯然不會豐盈自己的生命，為什麼還要留在這段關係中？另一點也同樣重要：那些人如果不想拯救自己，我們要怎麼支持？

中風前、二十幾歲的我，對薄荷醇香菸上癮，因此我有切身經驗，十分熟悉我們怎麼跟自己、跟別人說為什麼要做這些殘害自己的行為。像我就常說，薄荷醇打開了我的鼻腔，我才能呼吸得更深。我最喜歡的說法則是，吸菸會讓我的腦袋慢下

來，這樣我可以邊思考、邊飛快打字，我以前就是靠吸菸才寫完論文的。這藉口確實是事實，但不能否認拿來當藉口有多糟糕。

* *

我十分了解成癮症對大腦的威力與破壞力，

絕對沒有小看成癮症帶來的苦痛，

也沒有輕忽成癮症的深刻本質。

* *

我吸菸的那十年，其實無比羞愧。畢竟我是受過訓練的醫學專業人員，不僅深諳吸菸的害處，也理解這樣有多麼不尊重自己的細胞。不過就算如此，再怎麼羞愧，都不足以讓我戒掉菸癮。我戒過好幾次，但那深刻的渴望強壓過自律，最後我老是戒戒停停，著實厭惡自己成癮復發，又開始狂吸另一包菸，又得從頭數算日子。

我明明學術表現優異，明明心智強健，卻被一個十公分長的東西，控制得死死的，這事真的讓我深惡痛絕。最慘的是，一旦我又用力哈起菸，反而跌進更深的絕望，比只是癮頭發作還深。成癮症在我大腦裡寶座竟坐得如此穩，我無法自拔，只能憎恨成癮的威力。

我最後成功戒菸，是靠我媽，無比睿智的她給我這個快餓

死的研究生大好誘因：只要我活著，一天沒吸菸，她就給我十美元。我的一號人格不假思索就買帳，二號人格接受戒癮，心甘情願的過了三個月後，我不吸菸了，著實值得普天同慶，便不再傷媽媽的荷包。直至今日，我還是很感激媽媽當初願意賄賂我，不過直到現在，一晃眼三十多年過去，菸癮仍深植於腦部，有時候我仍會夢到自己抽著菸。

我提這段故事是想強調，我十分了解成癮症對大腦的威力與破壞力，絕對沒有小看成癮症帶來的苦痛，也沒有輕忽成癮症的深刻本質。所以，我很重視那許多的成癮者，我知道他們仍遭逢陣痛，迫切渴求解脫，常常活在恐惶悚懼之中，唯恐哪一天又開始濫用。

舉世皆然的故事

成癮症公認為家族疾病，若能在家人之間套用四大人格的對話，彼此願意不妄下批判，放下武裝，可能會更貼近對方的思路。前文提到的戒酒無名會家屬團體，是設計給酒癮者親友的特別互助計畫，用的是家屬團體的語言，戒酒無名會則是設計給酒癮者，用的是酒癮者的語言；相形之下，四大人格可以當成酒癮者及其愛人的語言，有利雙方清楚理解彼此的思路。

想像一下，眼前有位酒精中毒的酒癮者和他的愛人正在交談，雙方的腦袋裡，如何運用四大人格的語言呢？

　　假設我是酒癮者，我喝酒時，大腦僅專注於那種飄飄欲仙之感，我如風箏般高飛時，沒覺察到自己有四大人格，酒精的聲音澈底劫持了我的大腦，我也無法理性思考，麻木不仁，腦細胞醃漬在酒精裡，不再能感受到任何真實情緒。光只是酌個酒，就能和我的人生、我的苦澀、我的四大人格、想和我建立關係的人，狠狠斬斷聯繫。

　　如大家預料，因為喝酒，我一號人格記錄的生命細節整個遭無視，我精神恍惚，感覺遲鈍，錯過約好的活動，我沒保持清醒、沒表現出自己最好的一面。親友氣餒、挫敗，感覺我又忽視他們，不尊重他們。我現在正常的情感範圍有限，很可能就是我一開始打算喝酒的原因，我的情感遭抹除，喚不出來。腦細胞爽歪歪 —— 我過度沉溺於酒精，對腦細胞傳遞的訊息是我不重視它們，根本不在乎它們能不能運作。由於我的腦細胞受創傷，和其他一些神經元連結中斷，可以合作的腦細胞變少了，我的思考能力和情緒能力更加刻板封閉。

　　後來，我的親友來找我，語調和緩的跟我解釋大家聚會的計畫，但因為我酒醉，身體上無法參與對話，情感上也無法。我的一號人格此時上線了，毫不客氣、義正嚴詞的批判，我開始質問自己，究竟怎麼可以再次讓我愛的人失望，更讓自己失望。喝酒這行徑，我無法替自己辯護。我一陣陣椎心刺骨，因為任酒精控制自己，沒有執行一號人格替我擬定的計畫，一號人格也不爽了。我甩開責任，交出我的意志，漠視我的個人衛

生，辜負我最關心的人。我用酒精關閉一號人格的聲音，如此一來，我便澈底放棄了所有人，也澈底放棄了我自己。

此時，二號人格跳進我的內在對話，還帶著一股強烈的悔恨。我無法原諒自己，批評自己為廢物。但與此同時，二號人格又把我與一般的非成癮者區隔開來，指責那些人完全不了解我。結果，我既懊悔又孤立，因為最終只有我是這樣，我和他們不一樣，他們不懂我，他們可以隨興開派對，無後顧之憂，但我不能跟他們一樣，所以我感覺自己孤單一人，獨自沉痛。

於是，我不僅讓自己失望，也讓我的親友失望。這不是我第一次這樣，我好羞愧，我最熟悉的就是貶抑自己。我跌進深不見底的深淵，陷溺其中，顛仆不起，毫無希望可言。在酒精面前的我好可悲，好軟弱，而我譴責自己可悲的軟弱，無地自容，甚至憎恨自己竟然渴望那種欣快感。但是在我陣陣抽痛的腦袋裡，我的二號人格感覺有如壓力鍋，摻雜著敵意與責難，隨時猛爆開來。我會上癮，當然都是你害的！

＊＊＊＊＊＊＊＊＊＊＊＊＊＊＊＊＊＊＊＊＊＊＊＊＊＊＊＊＊

酒精的聲音澈底劫持了我的大腦，
我也無法理性思考，麻木不仁，
腦細胞醃漬在酒精裡，
不再能感受到任何真實情緒。

＊＊＊＊＊＊＊＊＊＊＊＊＊＊＊＊＊＊＊＊＊＊＊＊＊＊＊＊＊

　　但我一清醒過來，休息一下，如果還夠健康，我的三號人格會重新上線，我又會覺得改頭換面，歡天喜地，現在只想跟你玩，我們才能和好，讓彼此關係好一點。我的三號人格渴望和你一起療癒，只求忘記所發生的事情，和你重頭來過。這次我會以你很愛的三號人格現身，就是你愛的那個喜談趣事、天真爛漫、魅力逼人的三號人格自我。而且因為你的一號人格極想原諒我，想要再度信任我，你就答應這計畫了。

　　而且，我的四號人格在我心中說，今天又是完美的一天，將來會怎樣就是會怎樣。今天是新的起點，今天的我不會再碰酒了，你我和好，有了新計畫，打算今晚來頓披薩餐，就這麼簡單，沒事了。你的一號人格有點顧慮，但他信任你，認為你現在可以放心，所以你去上班了。我的三號人格去運動，我的一號人格接著去上班，一切安好——至少，我還沒碰酒之前都很好。

　　至於你，也就是我的朋友或家人，你的三號人格再度興奮不已，因為我們就要出去吃吃喝喝，和以前一樣交流。但你的二號人格擔憂我又碰酒，所以你每小時打來，確定我在正常工作，一切順利，實際上，這代表你在確認我沒醉酒。接著你的一號人格於午餐時間跑回家，丟掉所有的酒，清掉所有誘惑，以免晚上吃完披薩後，我又想要嚐點酒精。

　　但有股喝酒欲望突然襲來，同時又後悔先前行為而羞愧難當，我的二號人格提前到披薩店，趁你來之前，一壺啤酒大口

咕嚕灌下肚。你的三號人格欣喜若狂，蹦蹦跳跳前來赴約，所以我的二號人格撒了謊，說我只喝了一杯啤酒。你的一號人格極度想要相信我，你想說那是小事一椿，不放心上，你的三號人格依然很雀躍。

我們都很滿意，一切再度安好──至少在服務生來點餐，詢問是否再來一壺啤酒之前，一切安好。下一秒，你的一號人格大發雷霆，開始用負向評論炮轟，你的二號人格喝斥我，指責我根本不愛惜自己，也沒能力控制要不要喝酒。那一剎那，你的二號人格把我的行為歸咎於己，你哭了起來，接著起身，走出店外。我的二號人格以為你放棄我了，於是想從另一壺酒裡找到慰藉，卻完全沒覺察到，從我選擇中斷連結、又開始喝酒的那一刻，就先放棄了自己。

你既憤怒又揪心，你的一號人格開始搬理由說服自己，說自己要是再多打幾通電話，控制我的金錢、時間、朋友等等，或許就不會這樣了。你的二號人格接著上線，你因為我喝酒而自責：你沒有帶我回正軌，管得不夠嚴謹。在你自己的小劇場中，你的二號人格數落了自己一頓，說你就知道不能信任我，然後指摘自己居然信任我。此時你的二號人格感覺遭到拋棄，對我嚴厲批評，甚至可能口頭威脅或酸言酸語攻擊我，同時，只能控制自己的痛楚，汗顏無地又無能為力，把過錯都怪到自己頭上，澈底知道，你最害怕的是，我會因為成癮症這種疾病喪失性命。

復原關鍵：二號人格必須參與

這種互動，經常出現在酒癮者及親友之間。酒癮者的二號人格會這樣想：「我很怕你們，因為如果你們發現我又碰酒，你們會批判我、指責我，最可怕的是，你們不會再愛我。」他們的一號人格便決定不能說真話，必須隱瞞自己又喝酒的事實。他們機巧的撒謊，最糟糕的情況則是用煤氣燈式的情感操縱，要我們以為自己的知覺是錯的。

酒癮者的二號人格會損害情感連結，繼續使勁粉飾自己的行為。親友的一號人格會參加戒酒無名會家屬團體或接受心理治療，試著解決這問題。酒癮者的心聲：「讓我回歸正常？解救我？你們憑什麼認為自己有這種力量？」

依據今日對大腦與四大人格的了解，我們可以放心假設，左右腦情緒組織的細胞確實會對情緒上癮，也會對藥物或酒精持續上癮。這代表復健方案若要成功，二號人格及三號人格都必須上工，並致力處理情緒，如果他們不情願上工，復健的效果就不會長遠。

若成癮者僅透過一號人格的眼光來制定復健計畫，他們會開始排毒，做一堆有的沒的，該做什麼就做，說到做到，關關難過關關過。對一號人格而言，這堪稱成功的復原，卻完全忽略要斷開對所濫用物質的情感依賴。請謹記，我們是會思考的感情生物，不是有感情的思考生物，雖然我們的一號人格可能

會協助我們改變信念和行為，但不足以讓我們澈底復健。一旦一號人格跌落谷底，讓二號人格的情感掌控了思緒，成癮症就可能復發。

嗑藥和酗酒時時刻刻都會響起警報，雖然十二步驟的主旨是「一次持續一天」（one day at a time），但從心理學層面來說，成癮症不僅對當下時刻的抉擇力（三號人格）緊鉤不放，也對往昔的痛苦、愧疚與羞恥（二號人格）緊鉤不放。火上加油的是：成癮實際上已造成大腦迴路重新配置，還可能在細胞層次上造成損傷，斷開許多讓我們生命值得一活的事物。是故，儘管三號人格是復原工作不可或缺的一環，必須有三號人格協助我們為當下時刻做出好抉擇，但在大腦渴望能力的核心，二號人格才是成功復健的關鍵，若要維持康復狀態，二號人格必須願意參與復原工作。

我們若更具體探究成癮和復健的結果，就會發現：若一號人格及三號人格克服困難，一關接著一關過，我們的外表可能看起來還挺體面，但若二號人格沒上工，沒有積極參與，勢必會復發。一號人格可能會上工，因為他恐怕失去的東西很多，三號人格也可能會現身，因為他想要人際之間的連結，不想覺得孤立；但還是要等到二號人格將仇恨、責難、羞恥交給四號人格化解，才會精神覺醒，或真正蛻變。

值得一提的是，正在復健的成癮者可能模仿另一人的四號人格，在復健計畫中仿效對方，尋找平靜，達成復健目標。然

而，儘管四號人格必須上線，拉我們遠離這病症，二號人格及三號人格仍必須密切參與，否則勢必復發。

我們是會思考的感情生物，唯有知悉這事實並對症下藥，才能改變任何核心行為。

需要親朋好友的支持

我一開始是依據自己從小應對思覺失調症的經驗切入，探究成癮者行為對親友健康福祉的影響——不得不說，兩者出奇的相似。我們應如何適當給予成癮者或病人支持，降低對方那受損大腦的負向影響，同時維持我們自主的生活，照顧自身心理健康？

一段關係中的雙方通常會互相補足，求得平衡。例如，有人喜歡花大錢，另一半使用金錢的態度通常趨於保守。責任方面也是如此，若成癮者對自己的行為不負責任，親友自然會轉換至負責任的一號人格，達成平衡互動。事實上，要努力制衡行事極端的人可不是什麼趣事，對一號人格來說更有如沉重負擔。溫和派一號人格因此窘迫難堪時，可能會轉換至強硬派，使這段關係更顯緊張。

我正是在自家親歷這種互動模式，因為哥哥的思覺失調症促使我和母親吉吉組成一號人格大隊，攜手幫助哥哥處理他的健康狀態，讓他有棲身之所，適度控制他的理智，維持不會犯

法坐牢的程度。結果有時成功，有時失敗。我們的一號人格竭盡全力管控他的病，還得對抗這個體系的保密原則，但這原則卻未能依據家人的正面意向而調整。哥哥無法處理自己的病，責任自然落在我們肩上。就許多方面而言，酒癮者與親友之間的互動，無異於有思覺失調症病人的家庭。

以酗酒而言，親友的一號人格迫切希望繼續與以前認識的那個人接觸，因此會堅持協助對方保持清醒。若一號人格放棄對所愛之人的期待，就得面對一種可能：和那個人所有的共同經歷，都成了假象，再也沒有真正意義。對一號人格來說，這情況彷彿五雷轟頂，他們以為是與對方交心，沒想到，那人是和藥物交心。

* *

只要成癮者採用十二步驟，

奮發回歸正軌，持續前行，

親友的一號人格終能目睹這段關係自動回到最初，

如奇蹟般願望成真。

* *

成癮者赴約或參與活動時，若再三脫軌，親友就會以強硬派一號人格現身，施以重典，例如設立家規，列出一長串的細則，試圖打造一個完美世界，還要求成癮者去勒戒（或服藥）。

一號人格會致力維護家庭和樂的形象，編造故事來修補不良行為造成的裂痕，甚至變成工作狂來保護自身。強硬派一號人格通常選擇出差或接下更多工作，畢竟專業領域的事務，比家裡那位成癮者還容易搞定。

親友不清楚成癮者何時又開始發作，時時承受極端壓力。溫和派一號人格若與成癮者共處一室，在壓力驅使下，很可能會徹底轉變為強硬派一號人格，畢竟強硬派就是由充滿焦慮的二號人格喚出的。一號人格會自暴自棄，掩飾他們二號人格的苦苦煎熬。親友迫切希望生活中盡可能維持理智，僅為了和平氣氛，往往交出掌控權。當然，像這樣不正視現況，成癮者反而占了上風，掌控這段關係，埋下災難的種子，風雨必來。然而，只要成癮者採用十二步驟，奮發回歸正軌，持續前行，親友的一號人格終能目睹這段關係自動回到最初，如奇蹟般願望成真。

親友的一號人格深知，要和成癮者商量，簡直浪費時間，但他們不想承認失敗，不願放棄希望，只能緊緊抓住想望。他們的二號人格則為了保護自己，到一號人格面前說道：「你必須好好掌控情勢，設下更多規矩，要那成癮者去做更繁複的治療、更密集的勒戒。你也必須賺更多錢，才能去除成癮者的壓力。」然後就像這樣，轉眼之間，親友完全把成癮者帶回家裡蹲，成癮者不用再工作。

強硬派一號人格同意這些瘋狂計策，畢竟這些策略在某些

家庭似乎有效，也能設法讓自己保持理智。對強硬派一號人格而言，人生宛如 Excel 試算表，要是能再勤勞點、再聰明點，必能找到解決方案。可惜事與願違，這個家早成了戰場，沒人覺得安全。終有一天，強硬派一號人格清醒過來，感覺筋疲力盡，發覺自己不再聽從自身四號人格的想法，而不經意的放棄了自己。

一號人格及二號人格原本並不想放棄所愛之人，不想將那空想一筆勾銷，只能抱持一絲希望。但吃盡苦頭後，二號人格感覺完全無計可施、無能為力，焦慮、沮喪皆排山倒海而來，一號人格此時則是投降認輸。對一號人格來說，他們愈緊抓名為希望的韁繩，就愈允許成癮者食髓知味，局面恐更難收拾。

🧠 自我救贖的策略

專門協助自我脫離苦海的計畫，不一而足，我們可以善用這些計畫，重拾我們自身以及與他人之間的認知連結。當然，我們的信念各有不同，每種計畫皆有我們看重的優點。有些是社群計畫，旨在協助我們恢復認知穩定與內心深處的平靜，或者特別維持清醒狀態。無論是從人生挑戰中復原，還是從物質濫用中復原，如欲撫平傷口，摸索出其他路徑，並提升意識層次，不僅需要覺察、意願，還需要旁人心胸開放，予以支持，自己則需要發自內心的堅持下去。

　　如果你有宗教信仰，符合你宗教教義的計畫會合你的意，同樣的，如果你認為自己信仰的是靈性而非宗教，使用靈性語言的計畫可能會對你的味；如果你是無神論者或不可知論者，也是如此，你還可能會發現科學與大腦的語言更適合你，因此更能有效選擇活出最佳人生。

　　無論你的信仰和做法為何，不同計畫或意識型態傳達的訊息相差無幾。協助自己從任何事復原時，英雄旅程等蘊含的基本教誨和步驟，自然會吸引我們的一號人格及二號人格，因為左腦本就喜歡挑戰、探索、競爭；描述佛陀故事的語言（嚴格說來，佛教是一種修行、哲理，並非宗教），則適合三號人格及四號人格，因為右腦是開悟與救贖的國度。十二步驟計畫闡明的「復原」直指我們的一號人格及二號人格，旨在要我們接受自己無力掌控藥物或酒精的事實，而且至少得打開心房，認知到崇高力量（四號人格）的存在。

　　儘管這些意識型態各異，描述四大人格的說法分歧，但整體意向與結果並無二致，每一種敘事都旨在大大啟發我們看透事物的本質，引導我們脫胎換骨，都將指示我們離開左腦一號人格及二號人格，進入右腦四號人格的平靜祥和。大腦會議的概念是「平靜只在一念之間」，這點可以吸引四大人格，同時賦予他們力量，四大人格因此可以全神投入，有效合作，達成目的。

　　我們都有該面對的問題，也都有情緒困擾。以佛陀為例，

他覺醒而悟得的真理是「受苦源於執念」，因此，我們一旦失去了想要緊擁不放的物事、人物、頭銜、自由，情感上就會拉扯撲騰。以英雄旅程來解釋，我們聽見召喚，順應召喚，踏上盛大的冒險旅程，最終走出無知，進入智慧殿堂；而以大腦會議來解釋，是四大人格集體達成共識，臻至最圓滿、最真實的自我；以十二步驟來解釋，則正如字面意義，帶你一步步踏實邁向清醒與復原。

　　無論我們自然而然走上哪條路，無論引發我們最多共鳴的是哪個故事或策略，四大人格若同心協力，應能造就某種形式的復活，化解痛苦根源，讓我們重獲自由。

　　提到受苦（有些細胞的工作就是負責受苦），我們要麼屈服，要麼滯留其中，要麼奮力跨越。有些人企圖逃避痛苦，濫用物質卻導致成癮，但可悲的是，如此反而只會掩蓋終須解決的真正問題。

　　上述策略工具，以及許多其他未列於本書的策略工具，在各自伴隨的情境中，皆占獨特地位，但若如實履行，應能造就相似結果。平靜真的只在一念之間，大腦健康的關鍵在於：有能力找出說至你心坎的故事，再靠你身體力行。

　　細節儘管有別，尋求平靜感的步驟卻是趨於一致。首先，必須體認到眼前有問題，或體認到希望改變現狀，接著，就是要願意促成改變。我們必須旋即願意走出左腦自我，轉移至右腦更高階的意識或無意識。踏上這一階段的旅程，往往是最艱

巨的一步，因為我們必須理解與承認，若要超越目前的自己，必須跨出腦部原本那屬於小我、存在自我的這一側，進入另一側，方可轉化蛻變。

　　無論哪種計畫，放下自我，感覺彷彿死亡，而我們的左腦將殊死一戰，力求保有自己的存在狀態，也因為感覺可怕，不願將控制權交給未知。以英雄旅程來說，這些是左腦必須對抗的怪物。以十二步驟計畫而言，步驟一、步驟二要求我們承認自己對成癮無能為力，需要請求崇高力量協助。為了開悟，佛陀必須遠離紅塵，放棄知識、財富、頭銜，甚至他愛的人民。套用四大人格的語言，即是必須願意登出左腦一號人格及二號人格，登入右腦三號人格及四號人格於此時此地的意識。

　　無論是哪一種敘事，我們都需要勇敢相信，奮力一搏，需要願意跨出原本深信不疑的真理，體認到這世上有比自身更強大的力量，可以把持住我們，引導我們安全駛向未知。這一步可能難如登天，所以，或許知道這一點能降低難度：縱使我們確實選擇將自我擱在一旁，自我仍必定存在，摩拳擦掌，隨時預備好再度躍上線。

＊＊＊＊＊＊＊＊＊＊＊＊＊＊＊＊＊＊＊＊＊＊＊＊＊＊＊＊＊＊

　　四大人格若同心協力，應能造就某種形式的復活，

　　化解痛苦根源，讓我們重獲自由。

＊＊＊＊＊＊＊＊＊＊＊＊＊＊＊＊＊＊＊＊＊＊＊＊＊＊＊＊＊＊

🧠 復原之路的十二步驟

本書處處皆觸及英雄旅程的情節，如更深入探究，可以明顯發現，這些情節與戒酒無名會和戒毒無名會的十二步驟計畫不謀而合。這些計畫以靈性為基礎，規劃嚴謹，循序漸進，有助酒癮者和藥癮者復原且持續維持，在全球已有上百萬成功案例。

而各式計畫從起步開始，即堪稱如出一轍。套用四大人格的語言，為了運用十二步驟計畫而有效復原，成癮者必須願意登出左腦一號人格及二號人格，登入右腦四號人格的意識，或至少相信四號人格都在，隨時可上線。

這些不同的意識型態，甚至連最終步驟也相去無幾。若以英雄旅程來說，英雄必須回歸原本生活，澈底意識到這段救贖之旅習得的智慧，且願意與人分享，才堪稱完成歷險。對成癮者而言，此種救贖表示該疾病順從計畫且自發緩解，在自己與崇高力量的關係中，持續灌溉、維持，接著回歸原本生活，將所學帶回給大家。

無論我們選擇哪種計畫，一旦與四號人格這種崇高力量／神／無限存有，搭起健康關係，我們的存在，與在此生中珍貴的一切，便產生深刻的連結。我們與崇高力量的關係本來就會使我們注滿勇氣，賦予力量，有助我們持續勤勉履行計畫，我們也會維持清醒及／或內心深處的平靜。

　　健康的大腦是由健康細胞組成，健康的細胞之間也互相連結。下文將檢視戒酒無名會十二步驟計畫的細節，每一步驟以該協會創始會員提出的形式列出，對照四大人格追求健康大腦的歷程，另與英雄旅程各階段並陳。但願你探索這些步驟與故事時，得以實際展開自己的旅程。

步驟一：
我們承認無力抵抗酒精的力量，
而我們的人生已無法收拾。

　　〔四大人格〕
　　我的一號人格精明幹練，專長是照顧我生活中所有細節。此時的一號人格承認我對這種成癮無能為力，生活已經惡化到失控或難以為繼的程度。

　　〔英雄旅程〕
　　我體認到必須改變現狀，接下任務，實踐使命。我聽見惡龍的咆哮了。

步驟二：
開始相信有比我們自身更強大的力量，
這個力量能讓我們回復到理智狀態。

〔四大人格〕

此時，我的一號人格已承認並認知到我的問題太大，光憑己之力已無法解決。一號人格環顧有相同困擾的人後發現，顯然積極實踐十二步驟的人已找到控制成癮的方式，而且感覺好很多了。接著他發覺，復健成功的人已和比他們更強大的力量建立了靈性關係，而在他們與自己四號人格的關係中，已有某種心理上的轉變，領著他們獲得更深刻的救贖。我目前還不太清楚這是什麼意思，但知道自己想體驗。

〔英雄旅程〕

我知道前方有個任務在等著我，也準備好迎接變化，甘願踏上旅程。此時面對的怪物不希望我改變，連我的「小我─自我」都掙獰緊攫。我開始集結勇氣，正視恐懼，逐一奮戰，真正回應英雄旅程的召喚。

步驟三：
決定將我們的意志與人生，託付給我們所認識的神。

〔四大人格〕

我左腦的一號人格及二號人格，向來是以自我為中心的活著。我認真查考自己的生活，坦誠面對自己，此時一號人格及二號人格覺察到，如果我真心想清醒，就得登上另一艘比自己

更穩定可靠的船。由於十二步驟計畫鼓勵我接納崇高力量，要我擁抱符合我意念、且由己形塑的四號人格，並不是其他人的神，左腦一號人格及二號人格便可放鬆，獲得足夠安全感，參與其中。我願意將駕駛人生的鑰匙交給我的神，也就是我的四號人格意識，別再任憑我的左腦人格一直將我人生的坐駕直直駛向水溝。

〔英雄旅程〕

要我願意登出左腦的一號人格理性意識，進入未知的四號人格意識，並體驗其崇高力量，我首先必須覺察到這是我想要的，然後有意願繼續跟隨。一旦我打敗怪物，就可掙脫他們的枷鎖——擺脫那心生駭異的小我。

步驟四：
無畏而窮根究底的檢討自我道德優缺。

〔四大人格〕

四號人格是我的崇高力量，我要清理路徑，才能抵達這目的地，但在此之前，我的一號人格必須耗費時間心力，審視已走過的路，以及我信而奉行的假設。這許多假設使我禁錮於自身的二號人格，二號人格疏於照顧自我又傷害自我，情緒傷口紅腫熱痛，大大促成了我的衰亡。二號人格的痛苦挖了許多坑

坑洞洞,我磕磕絆絆,跌落其中,一直迫使我偏離正途。

〔英雄旅程〕

我踏上英雄旅程後,我的一號人格及二號人格直視人生,二號人格對於目前為止積累體會的怨恨,擔起全責,也另擔起我歸咎於他人的全部責難。一號人格及二號人格愈來愈有安全感,我愈來愈清醒,開始敞開心胸,接納這種可能和希望:迎接煥然一新的人生道路,再無此種苦澀與成癮的人生,再無此種怪物的人生。

步驟五:

向神、自己、他人坦露自身過錯的確切本質。

〔四大人格〕

我的神就是我四號人格的意識,雖然我還沒遇到,但我心胸開放,心甘情願,也準備好去做我該做的,以便與崇高力量建立關係。我人生中鑄下的錯,由我的一號人格及二號人格承擔,我準備踏上右腦意識的旅程時,也努力洗刷過錯,重新開始。

我看見其他人享有的成就了,他們的神(四號人格)已在他們面前現身。我認真投身這段旅程,準備好踏出左腦的羞恥愧疚和痛楚,踏入右腦四號人格的意識,體驗崇高力量。

〔英雄旅程〕

我就是英雄旅程的主角,真誠接納這個必須經歷的轉型階段,準備好演化成我生命的下一層次。舊日行為絆住了我,而我擊敗了這些絆腳的怪物,我向他人、自己和我的崇高力量承認自己不願正視的那一面。此時,我有意識的跳脫痛苦,踩出左腦的「小我—自我」,踏入右腦四號人格,而我將在這裡獲得頓悟。

步驟六:
做好萬全準備,讓神除去個性所有缺陷。

〔四大人格〕

我的一號人格及二號人格已為所有選擇、所做之事、所有對別人灌輸的痛苦,擔起全責,也已真正原諒自己的弱點,與我自己和解。一號人格及二號人格已敞開心胸,體認到自己所做之事是源自內心深處的痛苦。既然我已認知到自己的不足,也予以諒解,就不再為此備受折磨,可以往前邁進,與我四號人格這個崇高力量建立關係。

〔英雄旅程〕

我準備好動身啟程。我正視了左腦一號人格及二號人格的缺陷及限制,承擔起過往行為的責任。我寬恕了自己,洗滌了

過錯，準備好面對扎扎實實的改變，迎接深刻而持久的變化。身為英雄的我，已經準備好跳脫左腦意識，挺進右腦四號人格的意識，好讓自己存在於崇高力量之中，意識到平靜的極樂之感。

步驟七：
虛心懇求神除去我們的缺點。

〔四大人格〕

我的一號人格及二號人格已深入內心，澈底為我的弱點擔起全責。此時，我虛心請求慈悲為懷的四號人格進入我心，請求這個崇高力量化解小小自我的二號人格所受的苦痛，請求崇高力量以我自己無法療癒的方式療癒我。我的心態已與右腦四號人格同步，宛如獲得神力，我感受到崇高力量給了我無條件的愛，還帶給我內心深處的平靜，讓我重拾了對嶄新開端的企盼。

〔英雄旅程〕

此時，我的準備工作全都完成，我踏出左腦的痛苦，進入右腦四號人格的無意識中，旋即就注滿了宇宙智慧。原本我的左腦因自我誘發而被釘在十字架，但右腦四號人格那無意識，使我不自覺的，將我的左腦從十字架上釋放了。

步驟八：

逐一列出所有我們曾傷害過的人，並甘願彌補對方。

〔四大人格〕

現在的我與右腦四號人格的崇高力量親密結合，走上另一條扎根於迥異價值的路徑。然而，為了打造堅實的新基石，我的一號人格及二號人格必須回頭審度走過的路，探測有何易踩的地雷，羅列出我偏離真實的地方，評估我犯下的過錯。

我必須與他人共活於這個世界，所以我的一號人格及二號人格必須願意對我的作為加以彌補，匡正往日的缺失。現在是時候向他人請求恩慈與寬恕了，我才能懷著他們的祝福，沿著這條新的道路平靜前行。我的一號人格為了證明自己有價值，總是汲汲營營做這做那，卻忘記為了讓自己有價值，該汲汲營營投入的是「自己應該成為哪種人」這事，現在，該終止這種循環了。此時的我實際上和我四號人格的意識互動、共存。我的左腦終於可以在此處歇腳，不必汲汲營營，我也可以在右腦意識的平靜之中，放鬆紓解。

〔英雄旅程〕

我查考自己的生活，認知到自己迎接了重重挑戰，迎戰那些由我創造、也由我擊敗的怪物，才能走到這一步。我與崇高力量建立了關係，並在這段關係中找到平靜，現在我該來查看

沿途被我變成怪物的那些人物，明白該修復哪些關係。我需要原諒別人，也需要得到別人的寬恕，才能擺脫往日包袱，繼續前進。我該來列個清單了。

步驟九：
盡可能直接彌補曾傷害過的人，
除非此舉會傷害對方或其他人。

〔四大人格〕

儘管我借助一號人格及二號人格的努力，與自己和解，也打開大門，通往四號人格的崇高力量，但如果我傷害過的人接受我的歉意、原諒我的輕率，又看見我新的嘗試，而真心給我祝福，我前方的道路將更為平穩——而且不只我的，所有人的都是，我傷害過的人亦然。誠摯道歉，於是弭除了我帶給別人的痛苦，不僅助我走出二號人格的羞恥陰影，還助我往前跨出一大步。原諒我自己的過去，還不夠，我必須承認過去，原諒過去，請求別人原諒，然後真誠的放下。

〔英雄旅程〕

當我的二號人格不再亂掃亂射，願意現身，並與它所蔑視的任何人修補關係，此時的我擊敗了這輩子一直交戰的真實怪物，也擊潰了一直處於想像中的怪物。當我的二號人格能夠放

鬆，而我進入四號人格那充盈著愛的意識，我就有力量擺脫往日的羞恥，體會到那崇高力量的愛。此時，當我接受並寬恕自己走過的路，我放下了舊日苦痛，敞開了心門，親炙了此時此地的當下之美。我接納了我的四號人格，等於接納了自己的神聖存有，感受到平靜安適。

步驟十：

繼續自我檢討，犯錯則立即承認。

〔四大人格〕

長久以來，我的一號人格及二號人格喜歡支配我的生活，也仍通曉如何過著自動化的無意識生活。我必須注意大腦內的狀況，才能達成保護自己的目標，避免自己重拾一號人格及二號人格的舊習，防止自己再度碰到酒就酗酒。

既然我在四號人格的意識中清醒澈悟，我需要努力培養這段關係，好讓此迴路變得活絡。大腦是以神經迴路來溝通協調的細胞組織，迴路運轉得愈頻繁，就愈強大。由此可見，我成癮的舊迴路在我腦中運作多時，仍舊安設於腦部線路之中。為了弱化這些舊迴路，並逃離舊迴路中滿溢的渴望和欲望，我首先必須清醒過來，持續剖析大腦，誠實檢討，刻意而有意識的強化新迴路。

我的二號人格住著責難與羞恥感，更住著所有其他內心深

層的痛楚。構成我二號人格的細胞群絕對長不大，意思是，這些細胞必定天生傾向重啟舊有的成癮模式。我必須明白，成癮迴路永遠固存於我的腦部，隨時準備重新啟動。這就是為什麼我必須刻意躲開二號人格的渴望與焦慮，尤其在我感覺飢餓、憤怒、孤獨或疲憊時，[42] 我必須暫停舊迴路，保護自己，免再遭逢二號人格襲擊。

〔英雄旅程〕

我一遇到四號人格這個崇高力量，靈魂就受到淨化，全身充盈驚奇的神聖光輝。不過，我一旦找到這種連結，就必須培養和這崇高力量的關係，逐步加強鞏固，否則我若重回往日軌跡，左腦一號人格及二號人格將重新上線，我將抵擋不住舊習的誘惑而重蹈覆轍。

步驟十一：

透過禱告和冥想，

與所認識的神有意識的交流，並拉近彼此關係，

僅祈求神讓我們通曉其旨意，讓我們有力量付諸實行。

〔四大人格〕

我若專心鞏固左腦一號人格、二號人格和右腦四號人格的關係，有意識的灌溉、保養，等於強化了大腦中那個新迴路。

經過操練，我獲得立即登出左腦一號人格及二號人格的能力，得以直接進入四號人格的意識，陶醉於平靜感之中。這種能力是我掌握自身力量的方式，這種能力使我得以時時選擇在世間想成為什麼樣的人，以及如何才能成為那樣的人。

〔英雄旅程〕

到了此時，我找到了跨越舊日怪物的路，也踏入旅程遠遠那一端，滿溢自由感與歡喜感的境地。經過這段靈性覺醒的旅程，我找到了內心深處的平靜與清明，四號人格的開悟包覆我全身，是我企盼已久的，我不僅感覺更美好，還感覺撫平了痛苦。此時，我可以選擇回到以前習慣的左腦人格的生活，和他人分享得之不易的見解，也可以選擇將這新尋得的智慧，保留給自己。若出於某種原因，我一旦回到舊日生活，並未持續運作新找到的迴路，我將變回原本還沒踏上旅程的那個我。

步驟十二：

貫徹這些步驟後，我們的靈性覺醒，
接著要努力將這些訊息傳達給其他酒癮者，
並在日常生活中實踐這些原則。

〔四大人格〕

英雄返回原本生活時，是攜著新收穫的智慧，同樣的，酒

癮者復原後,也帶著新體悟。酒癮者在一號人格及二號人格的成癮地獄中走過一遭,如今獲得救贖與自由,來到神聖的四號人格所在之處,同時澈底知曉成癮迴路仍完整存在,那舊迴路隨時都有可能重新運作;不過,酒癮者得以自由選擇是否要有意識的活在判然不同的人生中。

接著,復原的酒癮者回到有其他酒癮者的世界,和仍苦苦掙扎的酒癮者分享一路見聞與新尋得的智慧,並有意識的循序重複最後幾個步驟,不需要動搖,亦不需要折騰。復原的酒癮者是宇宙的生命力,隨時都可以有意識的選擇想要體現哪種迴路、哪種人格。

〔英雄旅程〕

復原的酒癮者帶著全新體悟回到生活,英雄也是。我回到家鄉,選擇和依舊備受折磨的人分享,是為他們帶來踏上另一條道路的希望,明日必然更燦爛明媚。

🧠 轉換大腦迴路

我思量這些教誨會帶來何種深刻影響時,想起了我熱愛的作家威廉森(Marianne Williamson)。她提到,我們都有能力將自己的問題交託給上主,[43] 儘管上主和我們在同一條船上,但祂不僅是跳上船,協助我們戰鬥,還把我們整個人抬升到戰場上

方。當我將某事交託給上主，將問題交託給祂安排，我澈底信任祂，祂知道該怎麼做最好。我並不是直接將我的問題呈給上主，要祂給我建議或要祂插手管控，而是讓自己有意識的步出左腦的焦慮、批判、失望，步入四號人格的信念。

我默默深信，上主（也可以是神、無限存有、宇宙意識、我的四號人格）觀看的是我生命的全貌，比我的左腦能理解的範圍大多了。因此，當我有意識的選擇溜進最有愛也最平靜的自我，我知道上主正接手處理。我選擇將有問題的情境交託給上主安排，但不會推卸我的責任，只是改變看待事物的角度，排除恐懼煩躁，享受平靜祥和。這是大腦會議、英雄旅程與十二步驟計畫的恩賜與力量。我們致力修習，信任宇宙力量，於是生活中的一切轉變了，我們也轉換大腦迴路，於是覺得更好了。

我在第四章〈一號人格〉提過，我父親海爾八十歲時，開著小巧可愛的馬自達 MX-5，出了車禍，他命還在，但那天之後的十六年，我成了他的主要照顧者。我的一號人格上線，保護他，照顧他，滿足他的需求。你若曾擔任照顧者，就會知道背負的壓力會崩瀉心靈與心智的平靜。我面臨的狀況是，雖然覺得自己承擔所有責任，卻對父親的行為幾乎無能為力。父親不習慣事故後的身體有所局限，他的二號人格便抱恨銜怨，對我的用心挑三揀四，儘管我盡力以溫和派一號人格現身陪伴，他也不領情。

　　父親若不滿意我替他做的決定,他的二號人格會對我大吼大叫,我的二號人格則會怨懟:他為什麼要把我的一號人格當死對頭,卻不讓他的四號人格學著感激我的努力?我是自願扛下落在我肩上的職責,所以儘管只有一點感謝、一點支持,就是天降甘霖,有助我懷著感恩之情走下去。你們大概也有類似體會。

　　那段時日裡,威廉森的妙語喚回我的理智,日常漫步常伴著我。我亟需找到健康之道,消弭我和爸爸之間的衝突,所以我將這問題交付給我的四號人格意識,不再緊咬我倆之間的嫌隙。後來我邀請爸爸一起上繪畫課,讓彼此的三號人格同樂,不再是兩個二號人格僵持不下。登入四號人格的意識,處理了我和爸爸之間的問題,不僅讓我壯大膽識,更將我抬升至戰場上方。在左腦批判與痛苦的範疇之外,這種意識幫忙開拓了一條康莊大道,有助彼此在情況變化與情緒脆弱之時維持連結。

🧠 我們都在復原的路上

　　本章重點在於:我們可能如何影響並提升大腦與腦細胞的健康福祉,以利在你我之間打造健康連結,最終共同促就健康的社會。就四大人格的層面看來,無論是什麼導致成癮或承受煎熬,造成彼此連結中斷,你我的復原過程皆大同小異。

　　日復一日,我們都過著自己獨有的生活,面臨自身獨有的

挑戰，若能將大腦會議這類工具融入日常，並在平時還不需要大腦會議的時候加緊練習，便能強化迴路，在真正需要的時候派上用場，活出全腦人生。若你實踐的是十二步驟計畫，規律重複步驟十至步驟十二，等同是在模擬四大人格大腦會議的內在反思環節。

物質成癮、承受傷害、踢到腳趾、失去愛人，無論是從哪種情況復原，我們都有能力自我檢討，在人生路途上每時每刻反覆咀嚼，細細思量。當我們選擇踏入滿懷著愛與慈悲的四號人格意識之中，不僅感受得到由愛包覆、值得人愛，更融入全知狀態：完全知道我們本身就是愛。我們身為眾生之一，首要任務就是彼此相愛；我們先愛自己，再與人建立連結，這愛才能淋漓發揮。我們若也尊重彼此的苦痛，互相騰出空間，便能成長茁壯。

迎向全腦人生

本書描摹了我們邁向全腦生物、迎向全腦人生的旅程，爬梳了大腦會議如何增加四大人格之間的連結。一旦四大人格知曉如何開會，我們就能有意識的在不同迴路模式中切換，輕鬆選擇我們想要成為的人，以及如何才能成為那樣的人。

下一章〈百年回顧〉將綜觀過去百年來，科技對人腦演化帶來的深刻影響，具體而言，是探究科技對各世代四大人格在

社會各層面的影響，有助闡釋世代差異現象。

我們若更能理解相異族群的價值觀，同理對方的行為，即可更著重於彼此的相似處，學習如何建立連結。無論是大腦中的神經元、家人親戚，還是社會經濟地位或政治主張對立的彼此，若要建立連結，都得孜孜耕耘。而從宏觀層面來看，這些栽培，豐富了我們的生命。我們一旦選擇享受內心的平靜，認知到彼此的差異，並和平相處，大腦就會順勢演進。

第十二章
百年回顧

—— 從世代差異，看四大人格

　　人類大腦由先天及後天形塑，持續演化。或許我們未曾想見，科技的演進也澈底改變我們訓練腦部學習的方式，最終改變我們重視的事物與選擇的生活方式。本章旨在大筆一揮，總括過去一百年來美國的社會與文化潮流，描繪諸多科技變革如何影響四大人格的表現。以下將以各世代的角度切入，按時間順序陳述。無論你成長的地區為何，世代差異都不容忽視，而科技進步對大腦發展的影響，或許大過我們以往的假定。

　　人際關係是這樣：我們理解愈深，經營得就愈好。希望本章對於你我為何不同、怎樣相異的梳理，有助大家將心比心，更能釐清私人領域與專業領域的人際關係。

　　我蒐羅本章素材時，訪問了數十人，足以代表各個世代。我很幸運，剛好有個閨密住在養老院，讓我認識許多侃侃而談的同伴，背景橫跨美軍世代（Government Issue Generation，簡稱 G.I. Generation）與沉默世代（Silent Generation），此外，我也聯絡了各年齡層的朋友——學術界的同僚更允許我進入教室，讓我有機會投入美好的對話。

　　本章敘述四大人格與不同世代交織的關係，亦將闡明科技在過去一個世紀對大腦造成的影響，依時序分段編排：

　　美軍世代：出生於 1901 年至 1927 年，參加過第二次世界大戰；

　　沉默世代：出生於 1927 年至 1945 年，人數雖少，地位卻顯著；

嬰兒潮世代（Baby Boomers）：出生於 1946 年至 1964 年，人數眾多，主要為美軍世代的子女；

X 世代（Generation X）：出生於 1965 年至 1976 年，人數較少，主要為沉默世代的子女；

千禧世代（Millennials），又稱 Y 世代（Generation Y）：出生於 1977 年至 1996 年，人數龐大，主要為嬰兒潮世代的子女；

Z 世代（Generation Z）：出生於 1997 年至 2010 年，本書撰寫期間，Z 世代皆為青少年和青年；

α 世代（Generation Alpha）：出生於 2010 年以後，現今歸為兒童的一群。

各世代的時間劃分莫衷一是，各有出入，也並非絕對。有些人出生於各世代的交界期，歸為哪個世代，得視對個人影響最巨的外在因子而定。

美軍世代：一號人格團結一心，保家衛國

美軍世代經歷 1914 年至 1918 年間第一次世界大戰的社會失序與經濟破壞、1918 年西班牙流感大流行、1929 年華爾街股災及延續十年的經濟大蕭條。

1939 年第二次世界大戰爆發，當時美軍世代皆已成年，許多人中斷工作，加入戰事，從軍打仗。不管在海外戰場、還是在國內工廠，男男女女集結起來，學習新技能，為自己的信念

奮戰。美軍世代是強大的一號人格，有的挺進前線，有的後勤補給，不惜將生命獻給最愛的家人與家園，唯一目標是獲得自由，真正拯救世界，免受道德淪喪的納粹荼毒。幸好這世代扛下重任，排除萬難，現在的我們才能踩在美國這片土地上，呼吸自由的空氣。

閱讀、寫作、算術等傳統的教學工具，教會了這世代左腦技能。然而，美國國家教育統計中心（NCES）發布的《一百二十年來的美國教育：統計調查》提及，[44] 根據美國商務部普查局的數據，1940 年時，二十五歲以上、高中學業的白人男女低於百分之三十，黑人和其他族裔則低於百分之十。

此數據表明，顯然 1940 年時，大多數美國人並非從教科書上學習人生課題，而是實際動手做，透過學徒制或其他經驗傳授的策略來學習技能；也就是說，是透過右腦學習，因此，大多數人的右腦都訓練有素。美軍世代憑著左腦一號人格和右腦四號人格的價值觀，打造了平衡的經濟與社會狀態。

🧠 沉默世代：乖乖聽就好

沉默世代出生於經濟大蕭條前後，二戰時還太年輕，不能積極投入戰爭。二戰開打前數年，境況慘淡，許多家庭顛沛流離，食不果腹。既已民不聊生，戰爭更導致約四十萬美國人喪命，教育並不是社會建設的優先選項。因此，沉默世代和美軍

世代一樣，大部分人都是從實作經驗與實際勞動中學習。

對於沉默世代的教養，社會風氣是「大人說話，小孩別多話」（children should be seen and not heard），因此得到沉默之名。尤有甚者，1950 年代初期，參議員麥卡錫（Joseph McCarthy）的言論，在社會上掀起反共情緒，大舉掃蕩保守派主觀認定的叛國人士與異議份子，甚至惡意誹謗、蓄意迫害，更是造成民眾不敢公開談論看法或表達意見。

隨著「麥卡錫主義」蔓延，沉默世代謹言慎行，但終究殷切的群起發聲，1950 年代和 1960 年代民權運動風起雲湧，沉默世代即為主力。

美軍世代和沉默世代：親情穩固，社會暗潮洶湧

希特勒及納粹政權鼓吹種族主義，施行種族滅絕，二戰後倖存的美國人目睹一切暴行，喪失了天真情懷，但美軍世代仍堅毅刻苦，1950 年代經濟一片強勁。這群壯年美國人是戮力耕耘、忠心耿耿的一號人格勞工，在同一家公司通常待上數十年，聽命權威，恪遵法律，保守度日，集體打拚，揭示了前所未見的經濟成長與富庶，美國不久即躋身全球數一數二的富裕大國。

在專業領域和社會層面，機會大量湧現，嬰兒出生率也湧升，即嬰兒潮世代。當時，整體社會的中心思想圍繞在生活、

自由與追求快樂上，儘管戰後麥卡錫主義蔓延，美國人目睹了人性最惡劣的一面，但他們集體的四號人格卻將家庭、人際關係、傳統美好的家庭價值擺在第一位，全心照顧至親，希望自己的孩子能實現「美國夢」，完成任何心願，成就任何事業。

從最普遍且最理想的角度來看這個時代，只有廣播和一只小小的電視機打斷慣常生活的恬靜安寧，這群人有時間、也有足夠的時間，以自我可掌握的步調生活。

戰後美軍世代的四號人格，定調了日常，鼓勵大家適時停下手邊工作、暫停腳步、深呼吸，真正與人交流。家庭聚會是生活重心，人與人之間、各世代之間的關係得以鞏固。日子悠悠退落，一天天的問候流連不去，與人真誠的交心，晚餐固定開動，不容耽誤，鄰居路過也常敲門探望，招待訪客是家常便飯。爸爸帶孩子釣魚，為太太做家具，為小女兒建娃娃屋，媽媽燒得一手家傳好菜，大家吃得津津有味。男人聚在機械設備旁討論時事新聞，女人聊八卦、補東西、談媽媽經、自製罐頭食物。

整個社會感恩享有重拾的自由，感激眼前的生活，期盼未來更光明。然而，在群體歸屬感與四號人格平靜感底下，族裔與性別之間的社經地位不平等，釀成動盪，美軍世代與沉默世代的二號人格，感覺遭到持續不斷的現狀壓迫，如今斬獲發言權，長久以來的壓抑不滿最終爆發為民權運動，後來女權意識抬頭，1970 年代女權運動更掀巨浪。

美軍世代和沉默世代：四大人格的職場表現

在戰後和平與公民聲浪的數年中，四大人格的職涯選擇，挺好預料。左腦主導的一號人格男性重視錢財，從事須受高等教育與發揮領導才能的工作，積極往社會階層高處爬，有的從商、從政、從醫，有的擔任軍官、工程師、會計師、廣告商、銀行專員、行銷人員、企業高階主管，社經方面皆富足。他們會結婚，依宗教信仰，平均有三個孩子。

三號人格男性跳過正規教育，從事藍領工作，擔任技工、水電師傅、配管師傅、公車司機、倉儲人員、工廠作業員、工具和模具技術員，或是務農、投入營建業和交通運輸業。他們心細手巧，從學徒當起，跟著師傅一步步學習。許多三號人格男性嚮往軍旅，發揮冒險犯難的精神，能創下多大功勳，就有多高的軍階和薪酬可期。

在 1950 年代和 1960 年代，許多一號人格女性操持家務，有條不紊的安排人事物、地點、時程進度，身兼妻子與母親，成就滿滿。儘管戰後美國女性大多遵循傳統結婚、在家養育兒女，但仍有一群一號人格女性求學，社經地位獨立。若非在家勞動，這段時期女性最適宜的工作包含教職與護理工作，或擔任祕書、速記員。

儘管 1950 年代和 1960 年代社會規範仍是年輕女性應結婚生子，戰後美國女性在 1970 年代提出離婚的比例，卻創新高。

1963 年，國會通過《平等薪資法》，1964 年通過《民權法》，1972 年通過《教育法修正案第九條》，保障女性接受平等教育的權利，男女之間開始競爭；這是美國史上頭一遭，兩性都搶上大學。受過高等教育、能力傑出的一號人格女性，開始湧入職場，和一號人格男性爭取原本專屬男性的職位。

到了 1970 年代，大量未接受大學教育的女性也進入職場，許多人擔任護佐、空姐、服務生、銷售員、客服人員、農場工人、工廠作業員、旅行社專員、兒童照護員等。

戰後的四號人格男性重視人與人的連結，戮力經營社群、家庭，願意貢獻己力，整體戰後生活的基調由他們設定，統攬全局，依自己的方法權衡，形塑出反映他們價值觀的經濟體。許多四號人格男性投入陸軍工兵部隊的戰後工作，從事經濟建設，也有許多四號人格進大學任教，將希望挹注在前程璀璨的青年身上，還有人悉心打造美國郊區的基礎設施。四號人格堪稱任一體系的精神支柱，屹立不搖。最終，這兩個世代構築了注滿創新思維、家庭價值與光明前景的世界。

嬰兒潮世代：實踐美國夢

二戰後出生的嬰兒潮世代，人數高達七千七百萬，享有上一代沒機會把握的機遇。嬰兒潮世代又稱為「我世代」（Me Generation），坐擁源源不絕的機會，也獲大人保證：長大後任

何夢想都會實現。從大方向來看這世代的生活，當然可見社會的繁盛多樣，變化細微，他們比上一世代更富裕，熱切舞動人生，揮灑出民謠搖滾的娓娓道來，搖滾樂吉他的熱血嘶吼，迪斯可渾厚低實的切分節奏。

1964 年，嬰兒潮世代年紀最大的已十八歲，雖然許多人接受高等教育，也歷經 1960 年代的反文化論述洗禮，軍事法案卻迫使大量嬰兒潮世代無意間踏上越南戰場，近二十萬名狂熱嬉皮則是沉溺在迷幻藥中，自我盡失，另二十萬青少年還太年輕，來不及加入迷幻藥狂潮，改做時髦打扮，隨著席捲而來的青春偶像和流行音樂的旋風，唱出自己。他們接納琳琅滿目的娛樂、時尚、唯物主義，消費力極致。

1963 年甘迺迪總統遇刺，1969 年人類首次登陸月球，1974 年越戰、越戰退伍軍人返國、尼克森總統彈劾案，全都深深影響了這一代人的世界觀，另也造成不信任感發酵，政治動盪加劇，而此時民權運動早就如火如荼。然而，即使社會躁動，美國人在 1970 年代的經濟高峰時，仍相信此種敘述：嬰兒潮世代能夠、且應該實現美國夢。一號人格嬰兒潮世代買了房，安頓下來，跟著父母進入職場。

嬰兒潮世代大多從事製造業，或在生產線，或在主管辦公室。美國教育體系原本由各州掌管，1954 年開始由聯邦政府接手，各年齡層都接受傳統左腦教材訓練，習得左腦技能，偏重記憶事實與細節，右腦創意則受疏忽。

* *

嬰兒潮世代為首批主要採納一號人格價值觀的族群，

講求實質獎勵，

不若其四號人格重視人際關係與家庭價值。

* *

在 1964 年至 1980 年間，嬰兒潮世代的白人完成高中學業的比例從百分之五十增至七十，黑人及其他族裔則從百分之二十五增至五十。從數據可見，這一代人大多從做中學，許多人受訓成了辛勤勞動的工蜂，不具批判或獨立思考的能力。無論年齡、族裔、性別，這一代有上百萬人爭相擠進空缺，1970 年代社會風氣轉變，左腦一號人格的價值觀套用在勞力市場上，工作重於陪伴家人。

1970 年代文化也瀰漫唯物主義，設計師輩出，名牌風生水起。嬰兒潮世代的左腦一號人格願意每週工作六十小時到八十小時，換得要價不菲的手錶或夏威夷陽光假期，他們毫不馬虎把工作做好，賺到物質獎勵才重要，睡眠遭剝奪算什麼，黑眼圈才是榮譽勳章。嬰兒潮世代為首批主要採納一號人格價值觀的族群，講求實質獎勵，不若其四號人格重視人際關係與家庭價值，離婚率在這段時期創新高，或許並不太令人意外。

較長一輩的美國人和嬰兒潮世代，同樣接受以左腦技能為主的教育，但由於較長一輩的人仍重視右腦創意和深度交流的

人際關係，就社會經濟結構而言，左腦一號人格和右腦四號人格之間較為平衡。換句話說，較長一輩的人運用了左腦的組織技能建構世界，同時依據右腦四號人格的價值觀，經營社群與家園。

較長一輩的四號人格營造了溫暖關愛的家庭，嬰兒潮世代在這種環境中長大，很可能認為自己擁有的一切是天經地義，不若上一代對事事充滿感激。他們摒棄了四號人格的價值觀，改由一號人格主導，塑造出今日我們生活的社會風貌。是故，如今自我價值的衡量是依據我們擁有的實質事物，我們的本質並不重要，並非價值所在。

綜觀而言，右腦的善良、慈悲、誠實、開放、對健康人際關係的重視，已由左腦的競爭取代，船、汽車、大房子展示了身分地位，而且，我們和原本的配偶走不下去了，當然需要找新的人來。

🧠 X世代：鑰匙兒童

嬰兒潮世代之後誕生的是 X 世代，人數較少，但舉足輕重。還記得前文提到 1970 年代時，上一輩一號人格女性的離婚率創新高嗎？此外，愈來愈多已婚女性進入勞動市場，雙薪家庭比例高，X 世代的孩子下課後回到家，得自己拿鑰匙開門，家裡沒有大人在，便自行做家事，寫完功課，照顧弟妹。這群

「鑰匙兒童」年紀尚小，就以一號人格現身，培養出強烈的責任感，可以獨立生活。

雖然離婚對家庭來說難以承受，但事實證明，離婚大大刺激了經濟，例如，離婚女性會到銀行開戶，銀行業績提升；因為父母分居，一樣東西要買兩件。X 世代的孩子會在父母的兩個世界來回往復，學會適應，學會靈活，學會以一號人格獨立思考。

X 世代的孩子很小就獲得大量電子產品，比從大人獲得的關照還多。1970 年代末期，德州儀器公司推出 Speak & Spell 掌上型益智玩具，讓孩子聽發音學拼字。1980 年代初期，電玩遊戲產業已成全球主流，孩子都想黏在遊戲畫面前，可說是成長過程就嫻熟科技，隨時準備好征服下一種機械裝置。他們成為一號人格大師，精通任何有遙控器的機器，還經常教導父母和祖父母使用錄影機，有時甚至還沒到識字閱讀的年紀，就夠老練。

🧠 X 世代：左右腦並用

然而，X 世代兒童除了具備一號人格的技術知識外，還使用電腦及電玩遊戲等**右腦**工具來學習閱讀、數學等**左腦**技能，這最終將澈底改變他們大腦的演化方向。左右腦學習新事物的方式，呈天壤之別，舉例來說，你可以訓練左腦運用機械記憶

（rote memory）死記硬背九九乘法表，算出 4 乘以 3 等於多少，也可以放一張有 4 隻猴子加 4 隻大象加 4 隻鴕鳥的圖片，訓練右腦算術。X 世代接受電腦及電玩遊戲這種右腦型訓練模式，他們的空間思維和視覺思維，比嬰兒潮世代、美軍世代、沉默世代更精進。

此外，X 世代所接受的教育，不僅來自學習操作電玩遊戲和科技產品的經驗，也憑藉一開始摸索使用方式時，所展現的決心。這些小小探險家從小就任意戳碰按鈕，學到哪些動作有用、哪些沒效，哪些可以讓遊戲繼續下去。但前幾世代的人，包括嬰兒潮世代在內，哪敢隨便按下一堆按鈕，唯恐機器壞掉或資料砰的不見。兩個族群如天平兩端，對於科技的態度與使用方式相去甚遠。嬰兒潮世代願意了解系統與程式運作，但主要原因是想獲得優勢；X 世代對科技駕輕就熟，除了能控制機器，還能設定機器，開創新用途。

這代表就大腦層面而言，訓練孩子思考的方式大有變化。1990 年代中期，美國兒童利用跳跳蛙（LeapFrog）等玩具來學習閱讀，因此同時訓練如何以實際有效的方式使用兩個半腦。1993 年網際網路問世，X 世代迫不及待一頭栽進這種嶄新科技的繽紛世界。

X 世代長大成人之後，大致而言，對嬰兒潮世代的價值觀不以為然，而所謂「通往成功的階梯」（ladder of success），反而是摧殘家庭的道路。在許多 X 世代眼中，嬰兒潮世代很膚淺，

只會競逐名利，名牌和淨值凌駕於人際之間的交流。但 X 世代可不想隨波逐流，最討厭嬰兒潮世代的人對自己曉以大義。

嬰兒潮世代心心念念的是「哇喔，看看我的東西有多麼多啊」，X 世代則是「哇呼，看看我多麼獨樹一格」，個體性突出，而 1980 年代和 1990 年代的文化風氣也呼應個人主義，一切不僅大，還很大膽，極限運動、浮誇髮型、油漬搖滾為時尚代名詞。搖滾樂團興盛，MTV 電視網風靡全球，唯有這頻道直抒這世代人的胸臆。多彩眼影搭配霓虹衣物，年輕人幾乎沒在管宵禁這回事，反正家裡根本沒人可以管。影音出租店不僅是這代人流連交誼之處，更是主要娛樂來源。

儘管 X 世代已培養出強大的一號人格，但他們有創意、愛探索的三號人格，也將運動拉高到極致層次，其他領域亦然。X 世代從小遊玩《乓》、《小精靈》[45] 及許多後續推出的電玩遊戲，表現好就會獲得獎勵，前進下一關。X 世代因此學到：如果與條理分明、獨立思考的一號人格合作，再與創意勃發的三號人格並進，就可以得到豐厚回饋，藉此培養個體能力，持續解謎、打怪、過關。

熟稔電腦的 X 世代一群群從大學畢業，進入職場，一號人格的獨立思考已太厲害，無法勉強塞進嬰兒潮世代的框架，不可能再那樣超時工作、紀律嚴謹。X 世代是在家中打造辦公空間，把他們認為是古早時代苦力才用的系統，改設為自動化。他們享受自主自立的生活，生育孩子的時間比父母生育自己的

時間還晚，X 世代的年輕職場媽媽抉擇工作時，彈性工時成了必要條件。

＊＊＊＊＊＊＊＊＊＊＊＊＊＊＊＊＊＊＊＊＊＊＊＊＊＊＊＊＊＊

X 世代接受電腦及電玩遊戲這種右腦型訓練模式，

他們的空間思維和視覺思維

比嬰兒潮世代、美軍世代、沉默世代更精進。

＊＊＊＊＊＊＊＊＊＊＊＊＊＊＊＊＊＊＊＊＊＊＊＊＊＊＊＊＊＊

　　雖然 X 世代接受父母的諄諄教誨，認為買房很好，但是消費行為比較像是月光族，探索享樂才是開銷首選。1980 年歌手約翰・藍儂（John Lennon）遭狂熱教徒槍殺，1981 年雷根總統遭槍擊，這些刺殺事件在 X 世代心中，掀起深遠波瀾；1986 年挑戰者號太空梭升空後七十三秒爆炸解體，撼動了這世代成長的世界；1986 年至 1995 年的儲貸危機（savings and loan crisis）導致眾多儲貸機構倒閉，房市動盪，更加深他們對金融制度的猜忌。他們仍堅持發揮一號人格個人主義，不注重這世代集體的力量，因此戒慎面對實踐美國夢的財務負擔。

　　但在 2000 年代，美國銀行以寬鬆的低利策略招攬客戶，推出次級房貸、抵押證券等商品，部分 X 世代落入買房又入不敷出的惡性循環；從 2008 年至 2009 年，次貸危機引發的金融海嘯達最高峰，此時的經濟大衰退更造成大量 X 世代痛失家園、

痛失 401(k) 退休金制度的財務保障，當時快三、四十歲甚至更年長的 X 世代，只得搬回父母家，這是數十年來，多代同堂首度成了常態。

千禧世代：人人為我，我為人人

千禧世代大約有八千三百五十萬人，父母為嬰兒潮世代和 X 世代。以生物學意義來看，千禧世代與嬰兒潮世代父母的腦部迴路差異之明顯，堪稱前所未見；千禧世代與 X 世代父母的差異則較小——雖然 X 世代伴著科技與網際網路長大，擁有全腦思維的他們，卻得適應由左腦一號人格主導的世界，以及美軍世代和嬰兒潮世代鑄就的勞動市場，因此，X 世代與千禧世代的腦部迴路仍有差異。

廣義而言，這數千萬的千禧世代嬰兒，是首批與名為華斯比（Teddy Ruxpin）的動畫電子熊共享嬰兒床的人類嬰兒；他們這輩子第一位固定玩伴，是一隻要裝電池的熊熊，扮演奶嘴的角色，為他們安撫情緒，調節神經迴路。換句話說，以千禧世代出生時的社會常規來看，他們第一個重要的互動對象是電子產品，而這將對他們這輩子影響深遠。

從神經學角度而言，千禧世代自誕生之時就由科技養育，藉由右腦的特質和電腦學習工具，教導兩個半腦在思考與情緒方面的技能組合，整個世代與科技的整合程度相當密切。這群

孩子也屬於第一個在家、在學校都以電腦學習的世代，他們的左腦經過訓練，會摸索科技，熟悉運用科技的方法。電玩遊戲和 3D 教學工具引發了學習動機、增添學習樂趣，這是傳統書本教學和機械式死記硬背遠遠比不上的。

還好 X 世代已先行，右腦受教的千禧世代有機會在較為歡迎全腦思考、全腦生活的環境中成長，較能稍微自由在三號人格的價值結構中伸展，就算背後確實有那強大的一號人格撐腰，也可揮灑這種天分。千禧世代由三號人格的價值觀領頭，與嬰兒潮世代爸媽傳統上內建的一號人格截然有異，這兩個世代在職場上的互動與對立，耐人尋味，也史無前例。因此，傳統職場上的美軍世代與嬰兒潮世代，不是想盡辦法來激勵這些右腦主導的千禧世代，就是引導他們，跳過一個個左腦火圈，完成交辦工作。

大多數由一號人格主導的嬰兒潮世代顧著養家餬口，工作繁忙，很少在家，但少數在家的爸媽也會把自己的生活排滿了千禧世代小孩的事，帶孩子到這裡、去那方、到各處。這些爸媽明明孩提時期享有滿滿的自由時光，沒事要做、無人看管，如今卻如直升機盤旋在孩子頭上，過頭的過度保護，培養出一群帶有極度焦慮的二號人格特質的三號人格千禧世代兒童，沒人監督的時間少得可憐。因此，這群極度焦慮的千禧世代幾乎不可能充分養成自身的個體安全感。

無獨有偶，許多秉持右腦本性的千禧世代逐漸懂事後，也

認為對自身生活沒有掌控權，成年後的他們如今常以右腦三號人格的姿態，參與集體行動，成為團體的一份子，才覺得比較安全。

嬰兒潮世代家長原本一片美意，也儘管其中許多家長期待下一代好好培養左腦技能，參與良性競爭，卻不希望有誰覺得自己被排擠、落後或較不值得。競爭有輸有贏，為了彌補並減輕孩子挫敗感，家長、團隊、學校頒發「參加獎」，孩子勇於嘗試新事物，就予以鼓勵。我們的右腦接納集體與完整，不像左腦只競逐零和遊戲，不是贏，就是輸。嬰兒潮世代爸媽希望孩子體認到，無論自己在群體中的表現排在哪個位置，都自有價值。

千禧世代的職場作風

你我皆為贏家，更進一步鞏固千禧世代兒童的看法：人人平等，人人相同，都是「右腦人」群體的一份子，只要現身、參與，就會獲得獎勵。此等溺愛，意味著千禧世代缺乏機會，沒能培養出適當因應成敗的左腦健康二號人格，同時也幾乎扼殺了左腦一號人格的上進心，但如欲在瀰漫傳統風氣的職場上競爭，這種上進心實為必要。

實際上，天生右腦特質的千禧世代很難適應傳統的職場風氣，上一輩的左腦一號人格主管完全找不到千禧世代和自己哪

裡相似，老實說，也真不知道如何激勵這群人，不曉得怎麼讓他們待在這位子完成工作，他們好像也不夠窮，承受不了較高薪水需要的苦工。這倒是真的，錢無法使千禧世代推磨，他們沒興趣將大把時間投在賺錢上，逼自己賣命折腰。千禧世代一不滿意就離職，再找更喜歡的工作。

在職場上，千禧世代勉力投入的是當下時刻的體驗，而非該份工作。他們匠心獨運，希望你提出問題，放心交給他們找出解決方案，不需要告訴他們該怎麼做；千禧世代的創意源源不絕，是執起科技法寶的巫師，掌握系統思維。

例如，在老一輩經營的傳統工作環境中，可能有一千個人類負責的工作，由十位人類經理管理，但是在千禧世代的世界，可能有一千部機器，由十位千禧世代的人類管理，編寫電腦程式碼。

千禧世代的右腦在意的是經歷，不是受雇的公司，所以可能在崗位上堅持個兩年至三年，就出發啟程至下一段新經歷。在老一輩由左腦人格經營的公司裡，這種沒為公司賣命一輩子的情況，往往視為忠誠度低，不愛公司、不願犧牲奉獻；但對於自行經營公司的千禧世代來說，這種人力流動時機固定又可預期，不啻是件好事，新人報到時，能捎來新見解、新點子、新技能，員工離職後，職位空出，再迎接新人新氣象。千禧世代並不覺得「待不久」有什麼罪過，他們就是如此明瞭自己的優勢。

　　千禧世代忠於三號人格的價值觀，團隊合作時，極度喜悅滿足，喜歡共做決策。但整體而言，二號人格發展得不是很完善，超級敏感，聽到批評常當作人身攻擊，不認為是有建設性的指教。在倡導自力更生的工作環境中培養健康人際關係，對這些幼苗來說並非易事。

　　對自行經營事業的千禧世代而言，他們的右腦領導風格充滿了愛，慈悲為懷，包容隊友捅的漏子，也辨別得出自己與左腦領導風格的差異，不若左腦從恐懼出發，一味指揮與控制。

　　千禧世代求職時，自有原則，依循自己想達成的目標，尋找適合自己價值觀的工作。老一輩的人嚮往一號人格對社會的影響力，奮發向上，千禧世代則較嚮往符合三號人格興趣及技能的工作。這些孩子很可能就像所有世代一樣，從小聽慣這種說法：為求功成名就，必須忍辱負重。沒錯，三號人格主導的千禧世代是第一個衝撞此制度的世代，才不吃一號人格那套，他們想做自己想做的事，想用自己的方法做，不願像老一輩那樣，委曲求全，勉強自己繼續做討厭的工作。

　　千禧世代知道人際之間的連結，也知道如何與人合作，更深知人際關係是事業發展的核心。如果領導時只想著支配，團隊關係會羸弱不堅，但如果團隊成員備受支持，將精益求精，表現突破。

　　千禧世代已認清，就算是職場，也可以同時給予關愛、交付職權，創造人人都能向上提升的環境。

千禧世代孩子的成長環境，與先前所知的大不相同。2001年，年幼或年輕的千禧世代經歷九一一恐怖攻擊事件，目睹所愛所敬之人遭悲傷、憂鬱及恐懼摧折，因此很早就知道世上危機重重。2008 年股市暴跌，許多家庭忍痛賣房、財務虧損，這種認知也因而更為增強。父母生活不穩定，進一步加深千禧世代的焦慮，結果依賴抗焦慮劑或抗憂鬱劑成了常態，人數史上最高，千禧世代濫用處方藥的人數也是史上最高，助長目前的鴉片類藥物氾濫。

強烈的焦慮感及危機感伴著這群孩子長大，「做什麼都可以，當什麼都可以」又是他們從小就深信不疑的教條，是故，他們一發覺這根本不是事實，必經歷一番掙扎。他們有直升機父母，因而少了在這世界自行摸索跌撞的機會；成長時有社群媒體，參加就能得到獎勵，習慣仰賴外在肯定來確認自己的價值。嬰兒潮世代家長透過與鄰居比較，確定自我價值，千禧世代則根據他們在社群媒體的好友數、按讚數、點閱數，來確定自我價值。

＊＊＊＊＊＊＊＊＊＊＊＊＊＊＊＊＊＊＊＊＊＊＊＊＊＊＊＊＊＊

千禧世代忠於三號人格的價值觀，

團隊合作時，極度喜悅滿足，喜歡共做決策。

但整體而言，二號人格發展得不是很完善，超級敏感。

＊＊＊＊＊＊＊＊＊＊＊＊＊＊＊＊＊＊＊＊＊＊＊＊＊＊＊＊＊＊

　　千禧世代從小就與科技相連，彷彿身體固有的一部分，若與之分離，就會產生強烈的退縮感和焦慮。社群媒體是他們的新聞來源，包含有線電視新聞網（CNN）、Twitter、全國公共廣播電臺（NPR）等任何有吸引力的應用程式，他們也利用簡訊或 Twitter 傳送短訊，透過抖音（TikTok）或 Instagram 傳送短片。若你較為年長，需要和千禧世代的孫子女講電話維繫情感，可能得試試 FaceTime、Zoom、Skype 連線視訊，既快又輕鬆。

　　千禧世代與前幾世代不同，成長時已置身科技世界，即使知道手機應用程式會追蹤、蒐集、銷售個資，也不覺得怎樣。他們知道到處都有攝影機、社會上沒有真正隱私，反正出生時就這樣了，對此種常態自在坦然：「一直都是這樣啊。」

　　千禧世代巧思熾烈，魅力四射，內心是藝術家，忠於右腦價值觀，而且真的會在意咖啡有沒有藝術感。千禧世代的思想清亮，會觀看 TED 演講，了解全球動態，掌握社會脈動，為人類的健康福祉盡一份心力，會選擇主打團隊合作、關懷社會的公司，也希望公司能提供公益休假，讓他們撥時間做公益。然而，最大獎勵還是同儕給予的關注，社群媒體上發布自己善行，無非是希望獲得肯定，而最難熬的，無非是覺得自己孤伶伶的，好像融不進自己選擇的社會團體。

　　千禧世代時時有科技相伴，遭孤立時可是會觸發嚴重的焦慮與憂鬱，最終導致目前的藥物濫用率與自殺率。神經元需要

和其他神經元組成網路緊密連結，千禧世代也與神經元無異，必須與人維持健康關係，才會如虎添翼。

Z世代：第一個全腦世代

千禧世代之後，Z世代接棒，他們的父母通常是思想獨立的X世代。這些Z世代青年比父母一輩更獨立，更運用全腦生活，原因如下：

第一，這些孩子是由X世代撫養，長成的一號人格超級給力。

第二，Z世代接受右腦學習教育，造就強大的全腦思維。

第三，X世代得將嫻熟科技的全腦思維，融入嬰兒潮世代那由左腦建構的世界，無獨有偶，Z世代也得將全腦思維融入千禧世代那右腦主導的世界。

綜上所述，Z世代在生物學上和文化方面都是史上第一個全腦世代。

Z世代與千禧世代相仿，從嬰兒床時期就與科技產品綁在一起，許多人說自己的母語之前，早就會說谷歌語言。不過，千禧世代喜歡群體，希望置身社群網路，Z世代在社交活動上卻更為自主，沒那麼喜歡與人互動，反而與科技互動更自在。

深究發現，Z世代其實是將科技視為自我的延伸，有意識的將科技工具整合至日常生理活動。手機應用程式替他們監控

生命徵象，計算步數及每分鐘的呼吸次數，追蹤睡眠，減緩心率，降低焦慮，還會以任何你可想像的方式協助轉移注意力；手機應用程式會告訴他們該吃什麼，何時達到社群媒體每日使用時間上限，何時該睡覺——然後，會播放 δ 波音樂，提升睡眠品質。

* *

儘管資通訊科技可促使人與人之間更頻繁交流，

卻不會激起人際連結的火花，

無法以正向方式刺激大腦。

* *

Z 世代青年如此頻繁使用科技，變得愈來愈自動化，神經愈來愈根據科技來調節，世代差異益發明顯。與美軍世代及嬰兒潮世代的傳統思維、價值觀與行動相比，這些孩子及之後的 α 世代，神經學層面實有獨到之處。

在一個世紀內，大腦的支配方式及價值觀已然產生變化，儘管我們數十年來早已發現，人與人的接觸有助建立更健康的神經網路，科技卻造成人際連結嚴重中斷。

儘管資通訊科技可促使人與人之間更頻繁交流，卻不會激起人際連結的火花，無法以正向方式刺激大腦。人類天生就是社會動物，我們與科技的緊密互動，正在戕害我們的健康。根

據一份各世代孤獨感的自陳報告研究，科技使用程度與孤獨感之間呈直接正相關。比起從小身處科技環境的世代，美軍世代及嬰兒潮世代成長過程畢竟並未時常伴著手機、電腦、平板電腦，受試者自陳的孤獨感較低。此外，機不離身導致人機界線模糊，病態狀況層出不窮，夫妻與家人莫不帶著這頭號問題，尋求治療解方。再加上電磁輻射對生物系統的影響仍為未知，科技也開始彷彿列車長不在的失速列車。

2001 年，全腦 Z 世代族群年紀尚小，有些人甚至還沒有出生，全美社會就歷經九一一事件的創傷，承受創傷後壓力症的餘波；後來 2008 年金融危機，迪士尼樂園假期縮成宅度假，這些孩子很快就知道這世界危機四伏，他們的二號人格遭恐懼和焦慮淹沒，也是理所當然；日常言論充斥著政治對立和仇恨，無怪乎藥物過量與自殺情形肆虐，年輕一代那些自覺在人際網路中無足輕重的孩子，更是置身險境。

要是上述事件還不夠嚴重，請想想這些孩子還面臨 2020 年開始的新冠肺炎大流行，說他們有點像是在野外求生，也不為過。世道如此艱難，Z 世代如同千禧世代，耗費許多時間應付戰鬥或逃跑反應，並未累積太多財富，當然不願買房或安頓下來，反而希望繼續移動，畢竟移動的目標才難以被抓住。

Z 世代如父母一樣獨立，重視左腦一號人格的個體性，沒興趣將自己擠入社會組織架構的框架，於是，許多人選擇直接跳過大學。Z 世代只要動動手指，就能通達浩如煙海的資訊，

真真切切以強大的一號人格與科技共存，也以三號人格的價值觀過活。想要什麼東西，就上亞馬遜訂購，無論他們可能身在何處，訂購物品幾乎立刻就送達門前。三號人格好喜歡科技帶來的即時滿足感。

Z世代天生熟悉電腦程式碼，許多人幾乎沒什麼開銷，便賺得大筆收入，因為大型科技公司現在直接透過網路雇用他們的技能。事實上，在科技盛行的世界，Z世代人才炙手可熱，谷歌與亞馬遜等大公司甚至不需要員工有學士學位。

Z世代喜愛高薪工作，開名車，身著最新的花押字印花名牌。Z世代一號人格的自我價值由所持有的事物反映，但若二號人格感覺遭威脅，而三號人格需要衝至別處，也要隨時能將所需要的事物一把抓起帶著走。這點，與典型的千禧世代特徵有如天壤之別，千禧世代通常會到古著店或二手衣店買衣服，錢比較不會用在自己身上，更傾向捐款做公益。

若說千禧世代有了社群媒體而如虎添翼，Z世代則需要社群媒體，才能如魚得水。Z世代建立關係的對象主要是手機、iPad、電腦，因此他們站在文化潮流的尖端，了解現今當紅時事，簡直是第二天性。右腦強勢又強大的他們，儘管常聽到長輩仇恨言論喋喋不休，面對與之殊異的文化、族裔、宗教、性傾向，都更為寬容；比起應該做的事，花時間做喜歡的事更自在。

Z世代手藝精巧，對自己下了工夫的創作，引以為傲。他

們的四號人格希望種植可食用的健康作物，打造美麗花園，關心清淨的空氣和水源，一心保護地球家園。

電腦正在影響人腦

我們這個社會已經達到人類與科技融合的轉捩點。這麼說好了，儘管大腦是由數百億個互相傳遞訊息的神經元組成，造就的神奇副產物卻是人類個體意識的展現；相形之下，我們有數十億顆大腦互相交流，共同展現人類的集體意識。再更進一步說，網際網路是由數十億部電腦組成，電腦則透過人腦意識互相連接，結果就是：出現遍及全球的科技意識，而這種意識突破了最狂放的科幻想像。

人類與電腦開始產生這種聯繫之時，是人類建構電腦，影響電腦。然而，現在卻是電腦在影響人腦。隨著千禧世代與 Z 世代到來，網際網路的追蹤行為司空見慣，我們的上網活動、位置、移動模式、飲食、採買的產品、理財習慣、政治喜好，甚至是我們的臉孔、朋友家人互動程度，都會受到追蹤，手機應用程式會監控、蒐集我們的生物系統資料，提供生活建議。科技與人類如今步步走向整合，最終我們不僅賦予科技影響我們想法、情緒和生理反應的能力，也已嘗試植入各種形式的科技和神經微晶片。這點令人既期待又害怕。

生物系統的運作集結了各種負回饋迴路，例如，我餓到肚

子痛，吃了東西，痛感就沒了。在此生物系統中，我有欲望，並依這種欲望行事，欲望消止之後，我感覺滿足，該系統就暫歇。

以負回饋迴路為本的系統，有其妙處：可以建立並傳達需求，一旦滿足需求，就能恢復自身的平衡與恆定機制。在恆定機制下，生物系統可以自行休息與補足能量。這些負回饋迴路消耗最少的能量來示警，警報一解除，系統就會暫時關閉，返回節能模式，生命因此得以健康發育。

另一方面，資通訊科技堪稱正回饋系統，不會暫歇或停止運作。此系統愈常運轉（也就是你打電動或瀏覽網頁的次數愈多），系統中設置的誘惑也愈多，以便增加你的點閱數，吸引你付出更多時間與注意力。這些科技全天候運作，會加速我們的神經網路，也會耗損我們的神經網路。

電腦及網際網路的世界都會持續運作，直到當機、需要修復或更新軟體的時候。然後，該系統會重新啟動，並從上次停止的地方再度開始運轉。電腦驅使我們更賣力工作，更用力玩遊戲，更迅速思考。從認知和情緒方面來看，這些科技正在磨耗我們的生物系統，我們更難抵擋科技癮頭。

科技帶來便利，協助我們提高效率，適當使用的話，也能創造更健康的工作與生活平衡狀態——這些當然無可否認，只是，科技老是鼓勵我們「衝衝衝」，可能造成腦部健康大大受損，也可能粉碎我們與身旁親友的關係。

🧠 重新啟動大腦

大腦基本上就是人類生命的硬碟，我們成天編譯數十億個 Cookie——來自電視、手機、社群媒體、以及科技替你量身訂做的健身課表，當然還有工作用的電腦。

人腦就像工作用的電腦，我們若沒有一天清理好幾次垃圾檔案，至少也要每天清理一次，重新啟動大腦，才能呈現最佳效能。若要還原為由負回饋迴路驅動的生物系統，我們必須定期按下暫停鍵，給大腦機會更新、重新校準並執行硬體重設，這也是睡眠如此重要的一大因素。一天之中找些時間，有意識的與四大人格舉行大腦會議，也享有這種好處。無論我們是否需要接受幫助，或者只是剛好想抱持感恩，擁抱新氣象，我們都有能力選擇想成為什麼樣的人，有能力選擇如何成為那樣的人，有能力扶自己一把。

無論這些世代的差異為何，誠如我在 TED 演講所述：

我們是能量生物，藉由右腦半球的意識互相連結，
形成一個人類大家庭。
而此時此地，我們全都是這個星球上的兄弟姊妹，
來這裡，讓這個世界更美好。
而在這個時刻，我們很完美，我們很完整，我們很美麗。

第十三章
我們的完美、完整、美麗

本章一開頭，且讓我的四大人格表達感激吧：感謝你的四大人格和我們一起踏上這段旅程。

儘管我的 TED 演講如旋風般席捲全球，而且至今仍在環遊世界，我最重視的還是「我們很完美、完整、美麗」這條訊息，誠摯企盼這訊息不止在十八分鐘的演講中飛掠過你心頭，更能穩妥落在你真誠敞開的心田沃土。我寫完《奇蹟》後，覺得重要的事都說完了，沒打算再出書，後來卻發現，大多數人並未覺察到，我們有兩個杏仁體、兩個海馬體、兩個前扣帶回，共同組成了兩個功能相異的邊緣系統情緒組織，分別位在左右半腦。後來，我也找出大家很難控制情緒反應的原因。我們若深信自己別無選擇，就會自動導航，但若了解我們選擇背後的解剖學構造，就獲得了力量，不僅能做出反應，還能依據所知，做出明智決定。姑且援引美國作家兼民權鬥士安傑洛（Maya Angelou）博士所言，我們知之愈詳，做得愈好。[46]

我喜愛能啟發思考的書，更喜愛能提升自我意識、促使自己長成最佳自我的書。四大人格架構的美好之處在於：你若敞開自己，接納此架構，就賦予此架構強大深刻的力量，得以正向影響你生活的時時刻刻。此架構的內容，是引導你學習如何珍愛自己體內的各個人格，以及其他人的四大人格。我深信，若你願意深入探索這些見解，並在你身上及生活中履行，你將能大幅成長。

你跟著我一路讀到這裡，沿途必須逐一挖掘四大人格，還

得捕獲原生的四大人格。我想，現在的你也是繼續在自己身上目睹這些人格，並遇見他人的這些人格。我企盼的是，你光只是知道兩人每次互動就有八個人格參與，即有能力釐清彼此溝通的方式。我們每個人都有一顆配備四大人格的神奇大腦，我們都有能力時時刻刻選擇想要體現的人格。

＊＊＊＊＊＊＊＊＊＊＊＊＊＊＊＊＊＊＊＊＊＊＊＊＊＊＊＊＊

我喜愛能啟發思考的書，

更喜愛能提升自我意識、促使自己長成最佳自我的書。

＊＊＊＊＊＊＊＊＊＊＊＊＊＊＊＊＊＊＊＊＊＊＊＊＊＊＊＊＊

我們訓練大腦在四大人格之中輕鬆轉換，其實就是在各個腦細胞模組之間建立新的神經連結；運用這些連結，並隨時將四大人格帶入大腦會議，能賦予我們力量，實踐目標，展現最佳自我。人類的演化是持續不斷的進程，我們有力量指引自己有意識的往哪個方向發展，而這也是演化的一環。我們有兩個美麗的大腦半球，處理資訊時各有獨特方式，若能整合這兩個半球，以全腦方式生活，將能帶領我們回到內心深處的平靜，營造世界祥和。

人生中最可預料的常數是變數，我們的右腦天生就開放、廣大、靈活、有韌性、適應力強，以因應這些變數。我們或許會選擇的方式是：學著享受我們仍擁有的事物，感恩我們曾經

擁有，再放手，接著歡喜迎接下一件來到我們懷抱的事物。我們表現自己的喜悅和韌性時，唯一擋道的是左腦，天性如此的左腦會說：「不要，我不要這個，我覺得不安全。」有這樣的自動膝跳反射，推開危險，真是謝天謝地啊。只不過，我們的二號人格天生是來發出警報，但這不該是現代生活中的常態。

🧠 美好與否，由自己選擇

我們一旦知曉自身每項能力都仰賴細胞來執行功能，就會敏銳意識到，大腦是極其精密的細胞集合體，我們的情緒、所體驗的感覺、想法、行為，只是一群群細胞在運轉迴路。我們天生配置就是會感覺可憐兮兮，同樣的，也會感受喜悅快活，我們有能力選擇想要集中能量來運轉的迴路，也有能力選擇要讓迴路持續多久、要有什麼感受。情緒還在醞釀時，我們可以選擇緊緊抓住那情緒，感受體內的情緒迴路運轉，經過九十秒後，讓情緒消散；也可以在那九十秒內，釋放那情緒，表現出來；更可以讓迴路繼續運轉，循環一次後再循環，就這樣持續個九十分鐘、九十年都可以。

無論時機美好還是艱難，我們都有力量，選擇開啟哪個迴路。多年前我有個摯友，人生已在最後倒數。她還如此青春，所以我們這十八位一路相伴的朋友，尤其撕心裂肺。我們不太知道自己在做什麼，但憑直覺聚集在一起，用愛編成一幅錦繡

圖，希望可以盡力給予更多的愛與關懷，陪伴這美麗青春的靈魂帶著愛「離開這具軀體」。

凱特（Kat）過世前一晚，我們其中四人坐在床邊，和她緊緊依偎。凌晨兩點，凱特開始喘不過氣，胸腔開始阻塞，隨著瀕死嘎嘎聲起伏。那時，我發覺，這輩子我都會深刻記得這一幕：這一幕帶給我的，不是重創（二號人格），就是美滿（四號人格）。我希望，在我記憶中，這是美滿的一幕，所以我登入四號人格，向著空氣低語：「你沒事的，我們很好，這輩子只有這一次，安心上路吧。」霎那間，她的呼吸由深轉淺，縈繞病榻的緊繃感飄然消散。我們接受了眼前這個現實。我們從二號人格的驚悚畏懼轉移出來，擁抱四號人格的了然於心。凱特躺在我們中間，大家正視了她必然的逝去，接納了真正深愛彼此並延續至另一個世界的能力。她最後安詳離世，這對留下的我們來說是美好的恩典——而美好與否，由我們選擇。

若二號人格的焦慮痛苦緊咬著我們不放，我們要如何賦予四號人格力量？有時候，這種轉換真的極為吃力，但即使是最糟糕的情況，我們都有力量選擇想要體現的人格。若別人也願意與自己合作，不會針鋒相對，聚集起來的力量也無可限量。

我原本以為我媽媽會活到至少一百歲，畢竟她家族有長壽基因，我的曾祖母活到九十八歲，祖母活到九十四歲。2015年5月（我父親才辭世三個月），吉吉八十八歲，意外診斷出進程相當快的癌症，五個月就奪走了吉吉的性命。你大概可想見，

我的愛彼（二號人格）光是想到失去「媽咪」，就肝腸寸斷淚不止。吉吉養育我兩次，我這輩子最好的摯友、最棒的幫手，就是吉吉了。我中風時，她救了我，悉心陪著我復原——這教我的愛彼怎能承受。

但同時，還好經歷了那次中風，我知道雖然吉吉是不可知論者，她卻深信自己本是塵土，也會回歸塵土。這點我很有共鳴：這說的就是四號人格的意識與力量。你可能想像得到，我每個人格面臨同一事件的反應大不相同。雖然愛彼失魂落魄，海倫（一號人格）卻很欣慰，還好癌症進程可預期，我們當時可以一起討論臨終細節，共度這段時光。乒乓（三號人格）很期待將日曆上所有待辦事項都劃掉，活在當下時刻的喜悅。蟾蜍女王（四號人格）則是要我放心，儘管這個生命形態的吉吉會在我日常寧靜時分留下偌大空洞，我隨時都能在獨處時的平靜國度，與她交流。蟾蜍女王向吉吉保證，儘管她是不可知論者，我深信她在人世的盡頭，會開心的嚇一跳。吉吉則是茫然瞅著我，說道：「等著看吧。」

吉吉的四號人格下定決心，她要在剩餘日子裡真心為自己的生命喝采，拒絕隨著左腦起舞——就是左腦擅長的那套低落、退縮、懼怕、眼淚。我讓吉吉了解，整體而言我都同意，但有時候我的愛彼可能需要她的「媽咪」安撫她。我們口頭上協調過了，同意條件，為往後數月定調，結果辦了場舞會。

另外，吉吉希望火葬，所以三十五位親密好友來共度一整

晚，大家排好餐點，播放吉吉所屬時代的樂曲，一邊聽她的金玉良言，一邊替她裝飾棺材。我還有吉吉繞著「愛之壽棺」翩翩起舞的錄影，影片中，她最愛的「提神歌」悠揚傳來，是單簧管手固德曼（Benny Goodman）的〈Stompin' at the Savoy〉。[47]

吉吉嚥下最後一口氣時，我以為我的愛彼會全面崩潰，嚎啕大哭。可是，出乎我意料，彼時是我的蟾蜍女王，握著母親已了無生氣的手，抬頭對著房間內的空氣，綻開微笑，放聲說道：「媽媽，你現在應該開心的嚇了一跳吧。」於是，情感昇華了，我吻了她，向她道別。

* *

母親吉吉是不可知論者，

她卻深信自己本是塵土，也會回歸塵土。

這點我很有共鳴：這說的就是四號人格的意識與力量。

* *

我沒有讓自己勾在痛失至親的織網上，而是費了好幾週的時間，將母親的能量精髓一針一線的，縫至我的 DNA 錦緞。當時，悲慟波波襲來，我就任自己縱聲痛哭，我想念母親在我日常駐足的身影——至今依然。但那段時間，我鞏固了我倆之間的宇宙連結，這股連結的力量強韌無比。如今，我一思念起她，就會停下來，深呼吸，體察到她就在我身旁，她的能量也

替我的每一分存有，補足了元氣。

我們的哀悼方式各異，但我學到，若能打開心房登入四號人格，也有意識的敞開心胸，讓先到另一個世界的四號人格現身，我更容易與他們產生連結。我偶爾會給二號人格的傷痛淹沒，不知自己身處何方，此時，我比較難感受到那種連結，彷彿情緒實際上遏止了我感受他們存在的能力，這樣的話，我的二號人格實際上阻礙了我四號人格的能力，不再能與這副軀殼以外的生命形式產生連結。感受到二號人格的情緒，並沒有好壞對錯之分，但如果我一路上都忘記細細品嘗這些深刻情緒，包括那些痛苦折騰，可說是時間和精力都浪費掉了。

掌握個人力量的不二法門

掌握「在四大人格之間自由轉換」的策略，堪稱掌握個人力量的不二法門。了解四大人格，熟知制式反應，即可採取必要步驟，訓練自己在各人格間登入登出。若你願意定期鑽研大腦活動，反覆推察，你的人生、人際關係、以及世界，將有所轉變。

你可參考以下建議，立即應用於日常生活。若要選擇哪個迴路運作，第一步是觀察你的想法、情緒、行為的模式，從大局來看，哪個人格力量強大又已經自動運作，你想加強哪些人格？總之，注意你目前的模式，就是找對起跑點了。

＊＊＊＊＊＊＊＊＊＊＊＊＊＊＊＊＊＊＊＊＊＊＊＊＊＊＊＊＊＊

若你願意定期鑽研大腦活動，反覆推察，

你的人生、人際關係、以及世界，將有所轉變。

＊＊＊＊＊＊＊＊＊＊＊＊＊＊＊＊＊＊＊＊＊＊＊＊＊＊＊＊＊＊

一、醒來第一件事（與睡前最後一件事）

我早上醒來第一件事，就是感謝我所有腦細胞盡責的叫醒我，接著我會閉上眼，細察活在自己這副身軀裡的感受。我就好好躺著，感受自己擺放的姿勢，評析當下自己的感受：我的大腦是不是跑完睡眠週期之後，才讓我醒來，好讓我感覺有睡飽，心滿意足？還是我的睡眠週期提早被迫中斷，感覺還昏昏沉沉？[48]

眼睛閣上，有助我更容易細觀我的內在系統，與四大人格對話。我想跳下床開始做事嗎？愛彼是不是不想那麼快起床，想繼續睡，還是，蟾蜍女王想繼續全神投入，細數覺得感恩的事？乒乓可能還在沉睡，或仍在沉思如何勾勒石雕。大腦各區域並不會在同一時刻起床（或睡覺），所以你可以注意哪個人格先醒來，替你的早晨定調。

有意識的釐清早晨四大人格的狀況，應該是一份舉足輕重的大禮，而且唾手可得，不妨拿來贈予自己。我一張眼醒來，便知道體內所有細胞都在諦聽雙耳間傳遞的對話。若愛彼先有

反應，大聲宣布她不舒服，我體內所有細胞都會把注意力直向著她，開始如點名般，逐一喚出疼痛之處。要是早晨由乒乓抓住麥克風，神經訊息可能會吐露疼痛，但會遁入背景，成為我這個存在，極其單調平凡的一面。這些宣告，四大人格都會凝神細聽，但後來的反應都可預料，每個細胞模組都有自己獨特的應對方式。

例如，二號人格可能會選擇專注於疼痛上，注意疼痛的密度有多高，結果不小心加強了不適感。三號人格及四號人格則將疼痛視覺化，想像成一顆能量球，有意識讓那壓得緊密的疼痛球慢慢膨脹，待到某個片刻，疼痛會自行舒張開來，達到緩解。我們的右腦非常感激自己存活下來，三號人格會說：「疼痛啊，謝謝你提醒我，我還活著。現在，我要如何擁抱自己，才會感覺好一點呢？」四號人格則會說：「疼痛，謝謝你提醒我，我還活著。我很感恩自己還活著，能感受到這種痛苦，這代表我還存有生命。」我的四大人格全都加入討論後，即可召開大腦會議，有意識的為這一天定調。

當然了，晚上就寢前，召開這種大腦會議，能好好讓各個人格沉澱，鎮定清靜，切換到安眠模式。若你發現無法使饒舌多言的一號人格或焦慮膽怯的二號人格安靜下來，你可以有意識的選擇廣大無垠、兼容並蓄的四號人格意識，這意識一直在這裡，等著你進入。逗留在這種意識中，讓意識開啟你的深睡 δ 波。

二、注意情緒來襲

我一醒來，就會注意哪些事物何時開始意外撥弄我情緒。我是會思考的感情生物，所以，我會密切注意哪些事物是目前覺得還沒問題，但後來可能會觸發反應。

若我選擇認真觀察自己何時不悅，對憤怒燃起時的變化感到好奇，通常就可以找到停用這個迴路的好方式。我們可以訓練自己熟悉連環動作：一覺察，二轉移，並有意識的選擇不繼續投入。

我注意到自己情緒激動的時候，生理學和解剖學的立即反應挺多層次。霎時間，我皺起眉，下巴前移，嘴唇噘起，眼睛射向左方，頭翹向右方，就算讓我動怒的對象在我右側，我也會這樣。挺有意思的，你不妨試試，端詳自己動怒的那瞬間，有何生理反應。一旦歸結出你的既定模式，即可訓練自己留意第一波的反應，迴路中其他動作（吼叫、鄙視、防禦、動手）還在醞釀時，即可制止。

當我們睜大眼睛細察自己的反應模式，尤其若注意到過往與某些人產生摩擦的模式，即使熟悉的音樂開始播放，我們也得以更輕鬆的跳出另一種舞步。當然，除非我們當下只想行使這種迴路，不管三七二十一，先狂吼耍狠發洩完再說。若你確實想如此稱自己的意，得有意識的做，而且知道，你正在斬斷彼此的連結，後果可能延燒久遠。

三、留意四大人格符合本性的行為

我的日常處處可見四大人格發揮本性。一號人格總是有條不紊，看到哪裡亂，就會刻意撿起東西，一樣樣排好，廚房也整理得亮晶晶，但我的右腦人格根本沒注意到哪裡亂。海倫就是使命必達，所以到處可見她的身影，東忙西忙，就算她只是在背景探個頭，也是在忙東忙西。

要是我感覺哪裡稍微怪怪的，或是困在沉重陰鬱裡，就是我的愛彼受傷了，動怒了。愛彼現身主導的跡象很明顯，所以我訓練自己辨認哪些是觸發愛彼的點，才能選擇是要安慰她、或讓她爆炸，還是直接迴避她；如果選擇讓愛彼爆炸，我必須全神注意，是不是愛彼已對別人劃下什麼傷口，還是觸發了什麼事件。

不過，如果我興奮洋溢，摩拳擦掌，準備來場精采冒險，或想要搞笑、搞亂，甚至只是不加修飾的大笑，我會向乒乓打招呼。

若我胸膛有那股擴張感，而我的意識轉移為對一切懷抱深切感恩，我知道自己是處在四號人格之中。

出現某些行為時，捕捉你展現的人格吧，感受他們，享受他們，一位位與之共舞。如此將強化你的覺察迴路，有助你選擇在需要時刻，轉換至這些模組。

四、察知自己正在展現的人格

留意四大人格符合本性的行為是一回事，你也可以趁興致來時，刻意察知自己正在展現哪個人格。如此，不僅將四大人格放在關注的第一順位，還可以更細膩窺察、並評估四大人格的行為。

五、每日安排一場大腦會議

訓練四大人格參加大腦會議，堪稱某種形式的藝術。四大人格都必須有意願參與，所以，在不需要大腦會議的時候，勤加練習，有助養成召開大腦會議的習慣，並在真正需要之時，收實質之效。

熟能生巧，將大腦會議列入時程表，有助打造這種固有迴路，加以強化。

六、歸納既定模式

你的這個人格出現在何時？酷寒的雨天是哪個人格現身，晴暖的早晨是哪個人格探頭？哪個人格攝取糖或咖啡因後，嗨爆了？喝完一杯牛奶後或吃完一頓多肉大餐後，有什麼感覺？哪個人格沉迷電影，哪個人格喜歡跟朋友一起散步，哪個人格

挑選你要看的深夜節目？岳母來電時，哪個人格出來接？

只要留意這些模式，就能更進一步摸清四大人格。

七、為每個人格寫觀察日記

記錄你的觀察結果，能讓你深入了解各人格現身的頻率及方式，甚至是一天之中現身的時間。或許四大人格有個現身的循環，也或許沒有。愈有能力覺察可預期的模式，對自己的了解就愈透澈，也愈容易抉擇：是要運轉舊有的反應模式呢，還是建立新模式呢？

八、擬妥碰上其他二號人格的策略

以前大家並不會接受二號人格公開展露自己的本性，因此面對異見，早就訓練好較知書達禮的一號人格來應對。一號人格會避開二號人格的情緒反應，先請求暫停，或花個九十秒冷靜下來，再來反覆權衡，推敲斡旋。

現今時代及社會規範已然改變，在公開場合遇到其他經觸發的二號人格也不足為奇，不妨盡早擬妥因應對策，了解你的二號人格對別人的二號人格天生如何反應。這等於踏出了第一步，得以進一步觀察並轉化自動反應。過往行為或許最適合用來預測未來反應，但神經具備可塑性，我們確實有力量有意識

去實踐新行為，在神經解剖學層面創造全新的慣常反應。

千萬別忘了，兩個二號人格絕對不可能達成和平協議。若有人執意展現二號人格的憤怒、敵意、霸凌、好戰，除非你也想以二號人格的姿態與對方周旋，否則你可考慮下列策略。首先，當然是保持冷靜，你必須勉力求取平靜感（四號人格），盡量摒棄說之以理的欲望（一號人格），要是面對火冒三丈的二號人格，還想以一號人格的姿態解決問題，或據理力爭，說自己是對的，對方的二號人格只會更加抗拒。

此時你若以三號人格或四號人格接近對方，對方的二號人格可能需要九十秒的時間，讓情緒緩降，才決定和平互動；對方也可能持續運轉負向情緒迴路。重點是，你必須認知到，你無力阻止對方表現二號人格，而當你選擇體認到對方其實深陷煎熬，反而可能帶給你必要的優勢，避免對方觸發你二號人格的焦躁——這個，當然是自然反應。

假使你的一號人格或二號人格出現了，企圖羞辱、歸咎、威脅或霸凌對方的二號人格，當然無疑是潑油救火，無益於現狀。儘管對方的二號人格有可能在當下不動聲色、保持沉默，但傷痕已深深烙下。若以宰制代替認可，二號人格傷口迴路的能量並不會消散，只會增強，那創痛不會療癒，只會潰爛。

若有人一心只想讓自己的二號人格隆隆爆發，一再運轉那個迴路，好辦法通常是先遠離對方，讓他們自行鎮靜下來。當然，我們不會真的放棄真心在乎的二號人格，但是重要關鍵在

於：必須促使他們喚出自己較成熟的一號人格或四號人格，照顧二號人格的需求，好好發揮撫慰自己的天分。若二號人格脾氣大爆發，最好讓在場的大人承接處理。

平靜真的只在一念之間，但可得費點工夫，培養你神經迴路的習慣。我很喜歡的美國籍藏傳佛教金剛乘阿尼丘卓（Pema Chödrön）曾有此哲理：「如果我們希望世界和平……我們必須夠勇敢，來軟化我們僵固的一面，找到柔軟的一面，並與之共處。我們必須鼓起如此勇氣，擔負起此種責任……這才真是實踐和平之道。」你四號人格內心深處的平靜，就內建在你的右腦思考中樞；讓其他人格靜下心來，就是軟化心靈、找到柔軟之處的良方。

🧠 完美、完整，而且美麗

健康的大腦由數百億健康的神經元組成，神經元不斷互相溝通；健康的社會是由數十億健康的人組成，人與人持續互相交流。數十年來，我們這個社會接納了冥想、瑜伽、正念等方式，顯示我們多麼渴望掌控情緒迴路的自發反應。如今，我們又有了四大人格這項利器，用以促就健康的全腦人生。

我們是有思考能力的感情生物，因此，我們握有按下暫停鍵的力量，可以等待九十秒，讓情緒的生理反應流經全身，然後完全消散；我們有力量不讓情緒迴路自動運轉與反應，選擇

自己希望活出的人生。若我們想要平衡自己的生活，就必須平衡腦部，而培養召開大腦會議的習慣，就是一項好方法。

大腦是一組活生生的生物網路，是我們生存的動力來源，然而社會偏向左腦價值觀，左腦又重視外在價值多過我們整體自我，許多人根本找不到人生真正的目標和意義。感謝中風，帶我找到那個目標。我不知不覺回應了英雄旅程的召喚：我放下了左腦自我，與怪物激戰，踏進我右腦領域，任憑宇宙意識賦予我復原能力。如今，我在這裡，與你推誠相見，分享我獲得的這些洞察，也邀請你評估自己的英雄旅程：你現在處於英雄旅程的哪一階段呢？

＊＊＊

本書第三章〈大腦最佳團隊〉末尾，我對你的四大人格分別說了一些話。現在，我也錄下了你各人格想對彼此說的話。

想對一號人格說的話：

你辦到了，我們真心感謝。你好勇敢，接下無數任務，如今你對我們掌握得如此一清二楚，還如此用心，在你自己的腦袋、在這個世界，都替我們構築了穩固的護欄。你可能沒覺察到這點，但你願意擔起這些落在你頭上的工作，保護我們，提供資源給我們，我們真的感激不盡。

　　當你以成年人的權威姿態介入我們的生活，請信任我們，我們知道，沒有了你，我們的生活和這個世界都不會有秩序。一號人格，我們所有人都需要你，有你的耕耘，我們才得以成長茁壯。我們需要你的紀律，協助我們在家建立結構，在學校營造安全，在政府樹立禮儀，你的紀律、判斷、規則、秩序，有助我們的世界穩定前行。

　　感謝你的盡忠職守，你若筋疲力盡、寢食難安，請將好好睡覺當作第一要務。你起床後，若心曠神怡，蓄勢待發，準備好再衝一波，此時請花點時間，等我們其他人加入。請記住，我們是一整顆大腦，你若願意與我們一起省思，我們可以一起行走於世，將世界當作我們的後花園，我們可以共享快意，完整一體，團結一致。

　　容我們提醒你，我們始終重視你的奮勉進取，我們是你的頭號啦啦隊。（哈，真的是「頭」。）只要我們集結團隊之力，就會創造了不起的碩果，無論何時何地，召開大腦會議必是好選項，而且只在一念之間。

想對二號人格說的話：

　　你看看你——你做到了，你願意堅持下去，了解我們的想法，真是太好了。我們希望你能感覺到有人看見你，聽見你，也極度珍視著你。你犧牲奉獻，願意脫出宇宙流之外，因此你成了我們的第一道防線，保護我們，阻止進犯。我們需要你，

也愛你。你會讓我們洞悉成長極限，並突破自我，我們傾聽你的心聲時，將面對最深層的焦慮，亦將開掘出最神祕的自我。

可愛的二號人格，你帶來的贈禮，就是我們最脆弱也最無害的一面，我們都可以作證，你就是無價之寶。你要知道，我們絕對會傾盡洪荒之力，注意你的警報，活出最完滿的人生。願你永遠感受到我們的鼎力支持：一號人格隨時都會現身保護你，四號人格必定在你身旁，把全部的愛給你，而三號人格，隨時等你叫他一起遊樂。當你感覺孤苦，你並不孤單，我們一直都在，就在你身旁，就在你身旁那團迷霧之外。

想對三號人格說的話：

唷呼，真好玩哈，差不多弄完啦，恭喜啊！你真的是我們人生的喜悅，讓我們看見美麗的一面，那美麗遠遠超過我們最狂野的想像。你的充滿好奇、那俏皮的本質、靈魂的慷慨，在我們與自身、我們與他人之間，都是心連心的交流，讓我們精力百倍。

你就像個既大且美的神經元，自帶明亮的補光燈，理直氣壯、滿腔熱忱的伸出友誼之手，勇氣十足的在人類意識中準備就緒。你是生命的火星塞、所有行動的衝勁，也是與他人的親密羈絆。

感謝你閱讀本書，感謝你的存在——你光是存在，就提醒了我們，自身多麼美麗，生命是多麼重大的禮物。我們將你的

洞察分享給別人，集體形成一顆大腦，將平靜帶給世界，只因
有我們在，這個世界變得更美好。

想對四號人格說的話：

我們如此有幸，能與你共享這種意識，實為無上感恩。由
於你洞悉全貌，與萬物合一，讓我們在內心最深之處知道，此
模樣的自己，很完美、完整，而且美麗。

 ## 讓這個星球更祥和

現在，容我轉個鏡頭，讓我的四大人格逐一對你各個人格
說些話：

我的一號人格海倫表示：

感謝你的四大人格，感謝你致力創造更和諧兼容的環境，
為你和你身旁親友的生活盡一份力。平靜真的只在一念之間。
我們有力量改變社會與世界的整體情況，因為我們體內是小宇
宙，外界則是小宇宙的大宇宙。

當我們感到平靜，就會投射平靜，平靜就會遍地滋養。當
我們願意以完整自我現身，就能創造出我們想生活於其中的世
界，當我們發現自己有需要，就可善用大腦會議，發揮效用。
是故，我們找機會，好好運用吧，好好成為自己想要當的人。

我的二號人格愛彼說道：

千言萬語可能說不盡。我們感覺孤單、遭侵犯，或因為自動反應而觸發時，期盼本書的知識能協助我們（亦即所有二號人格）感覺更好，回應更快速。

我們的世界有點像是一團混亂，畢竟我們（二號人格）對其他人來說，是如此強大、如此可怕。我們接受到一丁點片段資訊，就會頃刻間感到受傷、冒犯或憤怒，這是我們的天性；我們會把聲音放大，攻擊力提高，嫌東嫌西，想操控別人，有時甚至會故意踩你的地雷，逼你走開，這是我們的天性；我們會這樣，正是為了保有力量，保護自己。

大家聽清楚了喔，我們這些二號人格天生設定就是這樣，在情緒受觸發之時，瞬間執行戰鬥、逃跑或裝死的反應，因此我們不知不覺的與自身其他人格斷開連結，也和其他人斷開連結。相信我，我們做出這些反應時，也忍不住對自己惱火：我們的自然反應就是搗毀關係，推開別人，此時卻是我們最迫切想與人連結的時刻，但不知從何做起，我們和大腦中其他人格連結若不夠強烈，更有可能自動做出這種反應。拜託了，不管我們如何，都需要你愛我們。

另外，我是個受傷的孩子，才不想要心煩意亂時，還有誰要求我對自己的想法、情緒或行為負責。這種要承擔情緒及認知責任的概念，真讓我超不爽，好像不相信我做得到，不相信我能變得更好。因此，我可能會猛批鬥這本書，質疑書中內容

的效用，畢竟我們都知道，啟用自動反應有多麼舒服，唇槍舌劍的負向攻擊有多麼痛快，尤其是匿名攻擊，更是爽快無比。

練習大腦會議後，加強了我們（二號人格）的覺察力，感覺不會那麼容易開啟自動反應了。我們若知道其他人格都在支持我們、關愛我們，就會更加健康，連結更深厚。所以，拜託了，假使我在哀號，想挑釁你，請記得我缺乏長大的能力，我就是個孩子，脆弱無依，受盡煎熬，請不要故意惹惱、羞辱或歸咎於我。請成熟以對，別讓我把你扯進爭端，只要像成熟的大人那樣保持冷靜，和我保持距離的愛我，等著我有餘力帶夥伴加入大腦會議，讓他們拯救我，這樣就好，拜託了！

我也保證，為了你，我會盡全力說到做到。或許我們可以選擇更常幫助彼此療癒，減少傷害彼此。這樣就很好了。

我的三號人格乒乓興奮大叫：

你整個人都超棒的！唷呼，人人為我，我為人人！

我的四號人格蟾蜍女王與你分享這段智慧箴言：

我們每個人都很幸福，能經歷這樣的生命：這種物質與能量神奇的結合，轉變成一種有能力生活、移動、感受、體驗與思考的意識結構。

我們的生活是人類經驗賦予的厚禮，我們的意識能量一到細胞形態該轉移的時候，儘管生命將消逝而大腦會停歇，在這

與那之間、此處與他處之間、生與死之間、呼吸與最後一口氣
之間，我們在這些寶貴時刻，將能清晰親炙我們真正的完美、
完整、美麗——現在的我們如此，一直以來也都是如此。

＊＊＊

　　當年我在 TED 演講，主角是我，現在，主角則輪到你：

　　你是宇宙的生命力，有著靈巧的雙手和兩個認知心智。你
有能力時時刻刻選擇自己想要成為什麼樣的人，以及如何才能
成為那樣的人。

　　此時此地，你可以踏入右腦的意識——在右腦意識裡，你
是宇宙的生命力。你是五十兆精妙分子天才的生命力，組成你
的形體，造就天人合一。

　　或者，你可以踏入左腦的意識——在左腦，成為一個單獨
的個體，一種固體，與流體分離，與我分離。

　　這些就是你四大人格的「我們」。

　　你會選擇哪一個……什麼時候選擇？

　　我深信，投注愈多時間，啟動你右腦深處的內在平靜迴路，
就可以將更多的平靜，投注給這個世界，我們的星球也會更加
祥和。

　　而我依舊認為，這是值得散播的思想。

誌 謝

　　我的同溫層組成了厲害的人脈，構成了整個 TED 社群，鑄成了我的後盾，對此，我銘感五內。多年來，你們從來不吝給予愛，大力助陣捧場，目睹這份素材逐一成形，從只是有關四大人格的基礎知識，化成真正的典範轉移：我們對心理學、意識可能抱持的想法，以及這兩者與腦部解剖結構的關聯，均在本書中細細梳理。我由衷感謝各位的獨具見解與熱誠聲援。

　　謹在此向波克（Patti Lynn Polk）致上最深的謝意。若由我獨力完成，本書可不會是現在這個模樣，多虧有你，造就了本書的深刻洞察，豐沛充實。你以一號人格的雙眼，透視本書，以支持潤澤，以幽默滋養，以專業灌溉，不僅拓展了我對四大人格互動模式的理解，也將這場對話延展至社會上偏遠但重要的角落，我若獨自走走看看，根本不會看到如此風景。你在我身旁替我傳聲，讓我諮詢，當我的驅動力，還運用你四大人格（與我四大人格）的知識、經驗與覺察，加深我對這些素材的領會，著實彌足寶貴。誠摯感謝你的愛、撐持、時間、精力，竭盡辛勞的帶領我從腦部汲取出這些資訊，謄上書頁，面對世界發聲。

我是如此幸運，竟有賀氏書屋（Hay House，全美最大的身心靈出版社）的巴索兒（Anne Barthel）擔任本書編輯。儘管新冠肺炎疫情在我們周遭肆虐，我們竟然還是設法保持專注，將全副精力傾注於本書，太神奇了，感謝你帶來恰恰好的高雅明晰。感謝你給我足夠的字句空間，讓我在應去的地方漫遊，感謝你恰到好處的修整，讓我在應走的軌道繼續前行。你與我一來一往，對這本書一拉一扯，做得實在太稱職了。我們在 Zoom 上共享的時光，凝滿真切的喜悅。

感謝吉格拉斯（Michele Gingras）的銳利眼光，偵察草稿言詞，推促我講究語意。感謝帝芙馬克（Helene Tivemark），你簡直是強大的天平，一直拖升著我照看全貌，考察這部內容極其繁複的著作。

我的經紀人兼律師史蒂夫勒（Ellen Stiefler），實在無懈可擊，期待下一次共創新猷。

最後，特別感謝崔西（Reid Tracy）、吉夫特（Patty Gift）與賀氏書屋全體團隊。感謝各位的耐心與馳援，齊心為本書投注莫大資源。

注釋

1　譯注：《奇蹟》（*My Stroke of Insight: A Brain Scientist's Personal Journey*）中譯本亦由天下文化出版，楊玉齡譯。為求文氣延續，本書譯文多處採用楊譯。

2　譯注：特勒荷特醫學教育中心（Terre Haute Center for Medical Education）為印第安納大學醫學院分支機構。

3　譯注：原文為 gross anatomy lab（大體解剖學實驗室）和 gross（噁心）的雙關語。

4　譯注：原文分別為〈Differential Distribution of Tyrosine Hydroxylase Fibers on Small and Large Neurons in Layer II of Anterior Cingulate Cortex of Schizophrenic Brain〉以及〈Colocalization of Glutamate Decarboxylase, Tyrosine Hydroxylase and Serotonin Immunoreactivity in Rat Medial Prefrontal Cortex〉。

5　譯注：哈佛腦庫（Harvard Brain Bank），全名為「哈佛大學腦組織資源中心」（Harvard Brain Tissue Resource Center）。

6　譯注：猴子心智（monkey mind）源自佛教對猴子的隱喻，描述猴子那無法控制、焦慮躁動的模樣。此處意指大腦饒舌那嘮嘮叨叨的特質，但採直譯，主要是可聯想至人與猴子的異同。

7　譯注：經與作者吉兒・泰勒確認，此處的「小我─自我」（ego-self）指的是左腦的「小我」，即個體意義的 self；作者也另外提到，榮格（Carl Gustav Jung）的 ego-Self（一種譯法為「自我─自性」），較偏向右腦四號人格。本譯文採「小我─自我」，除了欲譯出作者的意涵，也盡量避開指涉佛洛伊德（Sigmund Freud）、榮格等人的專用詞彙。不過，其他段落提到左腦的 ego 時，仍依循《奇蹟》或一般譯法譯為「自我」。

8 譯注：step to the right of their left hemispheres，此處的 right 是雙關語，除了「正途」之意，也指「右腦」。

9 譯注：ideas worth spreading（值得傳播的想法）為 TED 的標語及理念。

10 譯注：腦袋饒舌（brain chatter），意指左腦語言中樞不斷在腦袋與我們對話的現象，會重複生平細節，界定我們的身分。詳見《奇蹟》。

11 譯注：坎伯的「英雄旅程」（hero's journey），又稱「單一神話」（monomyth），後演變為文學戲劇作品中的一種公式。坎伯認為，嬰兒一出生就是英雄，人的一生就是英雄旅程。

12 譯注：本書提到 Four Characters 時，Character 譯為「人格」，非指 Four Characters 時，則視上下文譯為「性格」、「個性」，personality 則視上下文譯為「人格」、「性格」。以英文語境而言，character 含意比 personality 豐富，作者並舉例說明：Character 1 has many personality traits making up a character profile.（一號人格有許多人格特質，這些人格特質組合成一個性格側寫。）以這本《全腦人生》中譯本的語境而言，每個「人格」都有多種「性格」，多種「性格」可組合為其中一個「人格」。譯為「四大人格」的理由如下：

第一、《奇蹟》書中，作者敘述了左右腦的 character（楊譯為「性格」），於本書則進一步運用擬人法，新創名詞為 Four Characters，說明腦部這四大區域的功能與特徵，因此，「人格」一詞較可以保留「人」的意象。

第二、Four Characters 的 character 含「角色」、「人物」之意，在我們的英雄旅程中，Four Characters 也都會扮演某種角色，使用「人格」較能符合此意涵。

第三、社會學、心理學上多將 character 譯為「性格」，但本書提到 Four Characters 並非特指社會學、心理學，而是作者延伸自創的專有名詞，故雖有「性格」之意，但指涉 Four Characters 時，並不譯為「性格」。

第四、作者以榮格四大原型相比擬，而中文世界常將榮格所述的 character 譯為「性格」，personality 譯為「人格」，但同理，作者並未直接引用榮格的概念，故本書並未使用相同譯詞。

第五、作者特別表示本書內容與「思覺失調症」、「多重人格障礙」無關，因此，就中譯詞而言，儘管使用「人格」來譯，意義上也避開這兩種疾病。

第六、或許有人認為「人格」一詞指涉精神疾病，因而有負面想像，但作者一生與精神疾病共處，致力弭除不公平與汙名化，中譯為「人格」，或許也可趁此機會，促使讀者重新思考對此名詞的觀感。

綜上所述，本書 character 譯為「人格」，堪稱舊詞新譯，期能再現作者新創 Four Characters 一詞的用心。

13　譯注：多重人格障礙（multiple personality disorder），簡稱MPD，現已更名為解離性身分障礙症（dissociative identity disorder），簡稱DID。

14　譯注：麥布二氏人格類型指標（Myers-Briggs Type Indicator），簡稱MBTI。MBTI將人格分成八種屬性：外向（Extraversion）、內向（Introversion）；感覺（Sensing）、直覺（iNtuition）；思維（Thinking）、情感（Feeling）；感知（Perceiving）、判斷（Judging），再判定哪四種最能反映人格特質與行為方式。

15　譯注：內在家族系統（Internal Family Systems），簡稱IFS，又譯為「內在家庭系統」。

16　譯注：中文首字組合起來為「呼體欣探釐」，或可以「忽提星探理」口訣記憶：忽然提到星探理會我們。

17　譯注：無意識心智（unconscious mind）。榮格理論提及的 unconscious 舊譯多為「潛意識」，今多改譯「無意識」，以區別 subconscious 的「潛意識」或「下意識」。

18　譯注：原文依序為 Persona（人格面具）、Shadow（陰影）、Animus/Anima（阿尼姆斯／阿尼瑪）、True Self（真我）。此處的 True Self 也有另一版本是 Self，經與本書作者確認，意義上也等於前文所提的 authentic self，本書譯為「真我」。

19　譯注：原文為 we must be willing to give up what we are, in order to become what we will be；愛因斯坦的話則是 I must be willing to give up what I am in order to become what I will be.

20　譯注：崇高力量（Higher Power）又譯為「更高力量」、「更高層次力量」。作者表示：此處意指我們信仰的神，可以是上帝、天主等。戒酒無名會（Alcoholics Anonymous）也引用此詞，詳見第十一章。

21 譯注：海倫（Helen），作者認為拼字上可呼應 hell on wheels（難搞）。中譯名則採常見的音譯，並搭配「難搞」一詞表述此人格一體兩面的特質：可能要求完美、做事有效，但可能咄咄逼人、不好相處。

22 譯注：作者的「個體自我」（me-self）意指可以處理資訊、且和宇宙分離的那個自我，相對於並未存在個體自我的宇宙意識。從另一方面來看，個體自我即為更大宇宙意識的一部分。另外，作者在此雖然也探討了「自我」（self），但與詹姆斯（William James）及後世學者整理出的「客體我」（me-self、self-as-object）、主體我（I-self、self-as-subject）無關。

23 原注：C. G. Jung, Two Essays on Analytical Psychology (London: Routledge, 1992), p. 192.

24 譯注：撲克馬腳（poker tell）意指牌手在牌桌上表現的肢體和語言行為，透露了牌力。

25 譯注：作者在此使用意第緒語 oy vey，呈現特別嚴重的語氣。

26 譯注：原文為 billion-dollar question, supported by a multibillion-dollar industry，由 million-dollar question 衍伸而來，意指極為重要但難以回答的問題。此處為保留原文趣味，採直譯。

27 譯注：愛彼（Abby），作者認為拼字上可呼應 abandonment（遺棄）。中譯名採音譯，並選用與「愛」和「彼此」的意涵，表示 Abby 需要彼此關愛。

28 譯注：原文是 A man who carries a cat by the tail learns something he can learn in no other way.

29 譯注：Pigpen 原意為「豬圈」，中譯名依《花生漫畫》的角色，同樣譯為「乒乓」。此角色名稱另一拼法為 Pig-Pen。

30 譯注：小宇宙流（microcosmic flow）。本書中，microcosm 譯為「小宇宙」，macrocosm 則譯為「大宇宙」，可呼應「小我」與「大我」。

31 譯注：榮格的 Self 譯法多樣，除了「自性」，尚有「本我」、「自我」、「自體」、「大我」、「本質我」等。本書譯文因已有太多類似詞彙，恐引起混淆，故選用「自性」一詞，以示區別。

32 原注：Derek E. Wildman et al., "Implications of natural selection in shaping 99.4%

nonsynonymous DNA identity between humans and chimpanzees: Enlarging genus Homo," *Proceedings of the National Academy of Sciences of the United States of America* vol. 100, no. 12 (June 10, 2003), 7181–7188. https://doi.org/10.1073/pnas.1232172100.

33 譯注：〈Bare to the Bone〉字面意為「回到最基本、最純真的狀態」。

34 譯注：拉布列康（leprechaun），意譯為「矮精靈」，是愛爾蘭傳說中，綠衣綠帽、紅色鬍子的生物。

35 譯注：〈Que Sera, Sera〉是由英文「whatever will be, will be」直譯的西班牙文，實際上不合語法，字面意指「順其自然」。〈Don't Worry, Be Happy〉字面意指「別擔心，開心點」。〈Hakuna Matata〉源自非洲的史瓦希利語（Swahili），字面意指「沒問題」、「不用擔心」，臺灣中文語境多直接音譯為「哈庫那馬他他」。

36 譯注：本書譯文使用《新約聖經》新標點和合本，取自台灣聖經公會聖經網站。作者表示，引用廣傳的基督教聖經譯本即可。

37 譯注：intimacy（親密關係）與 in-to-me-see（親炙你私密的那一面），兩詞為諧音，詞意互相補足。

38 譯注：尤瑞強調的「陽臺」，是個可以整理想法與情緒的空間，隨時前往陽臺，從此處看向站在人生舞臺上的自己，可以觀察得更透澈，不需要憑反應行事。

39 譯注：Nobody can hurt me without my permission.

40 譯注：神經運動療法是指以色列心理學家班尼爾（Anat Baniel）創立的 Anat Baniel Method® 與 NeuroMovement®，班尼爾基於神經可塑性研究，開發出「九大要素」（9 Essentials），旨在協助大腦建立新連結，提升身體、情緒、認知方面的表現。作者也掛名推薦此療法。

41 譯注：源自美國作家波特（Eleanor Emily Hodgman Porter）的童書《波麗安娜》（*Pollyanna*）及續集《波麗安娜長大了》（*Pollyanna Grows Up*）。出身困苦的主角波麗安娜，運用父親教的「開心遊戲」，正向面對種種難關。心理學的「波麗安娜效應」由此引申，意指人腦潛意識傾向接受樂觀訊息，意識層面卻傾向消極。

42 譯注：這四種狀態的英文分別為 hungry（飢餓）、angry（憤怒）、lonely（孤獨）、tired（疲憊），首字母組合起來即為 halt（暫停）。此為戒酒無名會的忠告，處在這四種狀態時，最好暫停一下。

43 譯注：威廉森的著作豐富，其中一本暢銷作品《愛的奇蹟課程》（*A Return to Love: Reflections on the Principles of "A Course in Miracles"*）敘述她修習《奇蹟課程》的心得。《奇蹟課程》由若水譯介至中文世界，她將 God 一詞譯為「上主」，故為求通順，本書此段落依循此譯詞，唯須知，作者所說的 God 可指四號人格，亦可代入讀者的信仰，正如十二步驟的 God，即「神」，不專指任何宗教的神，成癮者可代入自己的信仰。

44 原注：Thomas D. Snyder, ed., *120 Years of American Education: A Statistical Portrait* (Washington, DC: National Center for Education Statistics, U.S. Department of Education, 1993), 7–8.

45 譯注：《乓》（*Pong*）為 1972 年於美國加州推出的大型街機遊戲，當時由雅達利（Atari）公司開發並發行。玩法取自乒乓球，玩家需要控制球拍反彈乒乓球，並與電腦或另一位人類玩家對打。《小精靈》（*Pac-Man*）為1980 年於日本發行的大型街機遊戲，當時由南夢宮（Namco）公司開發。玩家控制「小精靈」，穿越迷宮，沿途吃掉豆子，閃避幽靈，也可吃掉大力丸反過來吃掉幽靈。

46 譯注：原文為「when we know better, we do better」。歐普拉深受安傑洛的影響，節目上常以類似的「When you know better, you do better.」勉勵，安傑洛原本的名言應為：Do the best you can until you know better. Then when you know better, do better.

47 譯注：Savoy 指紐約哈林區（Harlem）的 Savoy Ballroom，歌名字面意為「在薩沃伊舞廳隨著音樂搖擺跳舞」。

48 譯注：此處的原文是 finish cooking，為作者常用的俚語，譯文採意譯。

心理勵志 S03

全腦人生
讓大腦的四大人格合作無間，當個最棒的自己

Whole Brain Living
The Anatomy of Choice and the Four Characters That Drive Our Life

原著——吉兒‧泰勒（Jill Bolte Taylor）
譯者——李穎琦

總編輯——吳佩穎
編輯顧問暨責任編輯——林榮崧
封面設計暨美術排版——江儀玲

出版者——遠見天下文化出版股份有限公司
創辦人——高希均、王力行
遠見‧天下文化 事業群榮譽董事長——高希均
遠見‧天下文化 事業群董事長——王力行
天下文化社長——林天來
國際事務開發部兼版權中心總監——潘欣
法律顧問——理律法律事務所陳長文律師
著作權顧問——魏啟翔律師
社址——台北市 104 松江路 93 巷 1 號 2 樓
讀者服務專線——02-2662-0012 ｜ 傳真——02-2662-0007, 02-2662-0009
電子郵件信箱——cwpc@cwgv.com.tw
直接郵撥帳號——1326703-6 號 遠見天下文化出版股份有限公司
製版廠——東豪印刷事業有限公司
印刷廠——柏晧彩色印刷有限公司
裝訂廠——台興印刷裝訂股份有限公司
登記證——局版台業字第 2517 號
總經銷——大和書報圖書股份有限公司 電話／02-8990-2588
出版日期——2022 年 7 月 28 日第一版第 1 次印行
　　　　　2023 年 9 月 15 日第一版第 2 次印行

國家圖書館出版品預行編目(CIP)資料

全腦人生 : 讓大腦的四大人格合作無間,當個最棒的自己/吉兒.泰勒(Jill Bolte Taylor)著 ; 李穎琦譯. -- 第一版. -- 臺北市 : 遠見天下文化出版股份有限公司, 2022.07
面 ；　公分. -- (心理勵志 ; S03)
譯自 : Whole brain living : the anatomy of choice and the four characters that drive our life
ISBN 978-986-525-692-0(平裝)

1.腦部　2.神經生理學　3.生理心理學

394.911　　　　　　　　111010432

定價——NT500 元
書號——BBPS03
ISBN——9789865256920 ｜ EISBN——9789865256951（EPUB）；9789865256968（PDF）
天下文化書坊——http://www.bookzone.com.tw